頭髮

一部趣味人類史

寇特・史坦恩◎著

劉新◎譯

HAIR

A Human History

Kurt Stenn

目錄

二・終極溝通大師

三・毛髮改變世界

前言——

毛髮與人類歷史

創作本書的想法萌生之時，我正坐在理髮店的椅子上。

我住在一個規模不大的大學城裡，雖然學校氣派的門口前有許多理髮店，但我經常光顧的卻是附近郊區的一家。這家理髮店位於一間白色木質結構的鄉間小屋裡，用客廳改造而成，門口掛著紅白條紋相間的螺旋柱，看起來非常傳統。屋子正面的牆被改造成朝向街道的巨大落地窗，窗子左邊有四把曲木製成的椅子和一張茶几，屋子中間有兩把供理髮客人使用的旋轉椅，但理髮師只有一位。其餘三面牆都裝飾著各種與高爾夫有關的小玩意兒：一張有四個球員的高爾夫球場照片、山姆・史尼德（Sam Snead）[1]戴白帽子的照片、古老的短切球杆和一些簽名照。

幾年前的一個上午，輪到我剪髮時，我和往常一樣坐到旋轉椅上，理髮師給我圍上白布，繫好一次性衣領。

1 美國著名高爾夫球運動員，雄霸球壇長達40年，創下多項紀錄，號稱「重擊手山姆」。

「今天怎麼剪，博士先生？」

「剪短，再稍微修一下。和往常一樣，別剪了我的眉毛就行。」

這些年來我們偶爾會閒話家常——例如妻子、孩子等話題——除此之外，我們很少交談。由於大部分時間我們就坐在那裡一言不發，靜靜地傾聽剪刀飛舞的咔嚓聲和背後牆上木鐘計時的滴答聲，所以當他開口問「說說吧，博士先生，您是做什麼的？」時，我頗為吃驚。

「我是大學的醫學博士。」

「嗯，對，這我知道，但是哪一類呢？我的意思是，您具體研究什麼？」他停下剪髮的動作，看著我。

「我研究毛髮。」

他先是睜大了眼睛，然後臉上又露出微笑。「哦，別逗我了，博士先生！」

「真的，我沒騙你。」我回答道。

「好吧，您說是就是吧。」他不確定我是不是在逗他，只是將信將疑地聳了聳肩，然後繼續手頭的工作。

毛髮做為人體的一部分，也貫穿人類的歷史，在文化領域和科學領域都應該受到嚴謹對待，但大多數人都覺得它無關緊要，這其中就包括我的理髮師。對他來說，毛髮就只是頭頂上的那點東西，適當打理會讓人顯得體面。這也是提到頭髮時他唯一能想到的。

從那時起，我就注意到很多人都抱有這種狹隘的觀點。他們的視野狹窄，認為毛髮與毛皮、歷史、健康以及生物學毫無關係。他們看不到毛髮在西方人對北美洲的殖民、在中世紀歐洲貿易、在現代犯罪鑑證、在宗教、在藝術、在管弦樂器以及在現代生物研究中發揮的重要作用。他們也看不到歷史上有許多人用不同的方法研究毛髮，種類之多是現在的理髮師和美髮師望塵莫及的。他們更看不到科學的進步為毛髮護理提供了新的有效工具：有的能夠把毛囊移植到原本沒有的地方，有的能夠讓直髮變卷髮，有的能讓卷髮變直髮。

這些現象促使我這個畢生研究毛囊的科學家下定決心，要寫一本書來闡述毛髮的前景以及它在人類生活中起過的作用和今後仍將起的作用。在原始人時代，毛髮就已經進化成一種保護身體免遭惡劣環境侵害的屏障。當現代人類褪去體毛後，他們轉而使用其他哺乳動物的皮膚和毛髮來蔽體。隨著時間的推移，他們發現動物的毛髮不僅可以製衣，還有許多其他用處。毛髮憑藉其獨特的屬性，影響著人類的進化、社會交往、歷史、工業、經濟、鑑證學和藝術。本書的話題非常廣泛，不僅描述了毛髮在傳遞社交資訊方面的作用，也包含了它對人類歷史、經濟發展、藝術表現、鑑證學、考古學、自然科學和工業的影響。

本書的中心是毛幹，也就是那些點綴在皮膚表面或直或卷的漂亮纖維。我會從特定人群的角度去講述，這些人或對毛髮有特殊興趣，或與之有利益關係，他們瞭解並發掘毛髮的不同特性，並以獨特的視角來看待毛髮的作用和重要性。對於脫髮患者和大鬍子牧師來說，最重要的是毛髮傳達的資訊。對於毛皮商人和紡織工來說，保暖和能否成衣則至關重要。對於古生物學家來說，毛髮對哺乳動物生存的保護作用是重點。細胞生物學家關注的是毛囊的再生能力，製琴匠關心的是能否做出一把好琴弓，犯罪學家關心的是能否成為呈堂證供，化妝師和假髮商則關心毛髮傳遞的社會資訊，藝術家則關注毛髮是否能成為藝術作品。他們看到了毛髮的不同作用和影響，所以使用了不同的詞語去描述本質相同的東西，例如「毛皮」、「羊毛」、「鬍鬚」、「體毛」，這些說法雖然不同（視說話人而定），但都是指毛髮這一集合體，而「鬢鬚」、「纖維」、「鬃毛」和「髮幹」則是指不同的毛髮主體。雖然這些毛髮在尺寸、形狀和生長密度方面不盡相同，但在生物學家眼中它們是同一結構物質。在論述毛髮如何影響人類歷史這個更大的問題時，我將採用生物學家的立場，將這些纖維物質統稱為「毛髮」或者「髮幹」。

這裡所講的只是九牛一毛，因為平心而論，每個與頭髮相關的團體都值得用與本書等同甚至更多的筆墨去介紹。在探索不同的毛髮世界期間，我遊歷了許多地方，也拜訪了許多傑出的人，有假髮製造商、藝術家、製琴匠、犯罪學家等。我的足跡遍布醫療診所、患者支援團體、分子生物實驗室、恐龍博物館、毛皮商會、牧場、紡織廠和髮藝展覽館等地。在行文中，我放棄了全方位的介紹，省略了許多與毛髮相關的從業者，而把重點放在西歐和北美的過往上。我的這些決定是基於個人學識以及讓本書能為一般讀者接受而做出的。我已經盡量簡化科學術語，使描述更簡明扼要。而對於那些有更多疑問的讀者，我在書後提供了專業名詞、章節注釋和參考文獻以供使用。

貫穿全書的主旨是，無論毛髮生長在哪裡——人身上，綿羊身上，海狸身上，鴨嘴獸身上或者豪豬身上——即使它們有長有短、有堅硬有柔軟、有烏黑有潔白、光滑或粗糙，但歸根究底都是相似的。毛髮就是毛髮，不管它來自哪種動物。

首先，我們必須得問：毛髮究竟是什麼，它從哪裡來？

一・物理屬性

第1章——毛髮進化論

最初的毛髮產生於類似爬行類的哺乳動物祖先。

任何層面的生物群落——無論是社會層面、細胞層面還是生物體層面——為了生存，都必須把自身與外界區分開來：它們之間必須有一道屏障。就社會層面而言，這道屏障保衛一個國家免受外敵入侵。就細胞層面而言，細胞膜做為另一種屏障，包裹、界定並容納細胞核與細胞質。就生物體層面（例如青蛙、雞和猴子）而言，這道屏障就是它們的皮膚。我們的故事必須從哺乳動物的皮膚講起，這不僅是因為毛髮生長於此，更因為毛髮是皮膚與外界傷害間的緩衝器，增強了皮膚的屏障能力，保護我們免受極端氣溫的傷害並能提前感知環境變遷。

所有的器官，例如毛幹（毛髮纖維）及其毛囊（毛髮纖維生長的根基），都是由三種不同類型的細胞構成的。第一類細胞叫作單體細胞。這類細胞傾向於獨立行動，不與其他細胞形成持久的穩定聯繫。它們游走於全身，主要是做為血細胞單獨在血管中穿梭，起到傳遞物質和資訊的作用。卵子和精子就是這類細胞的典型，它們會在很長的時期內保持單獨活動的狀態；事實上，如果它們總是帶著一群任性的小夥伴的話，就無法完成尋找伴侶的任務。

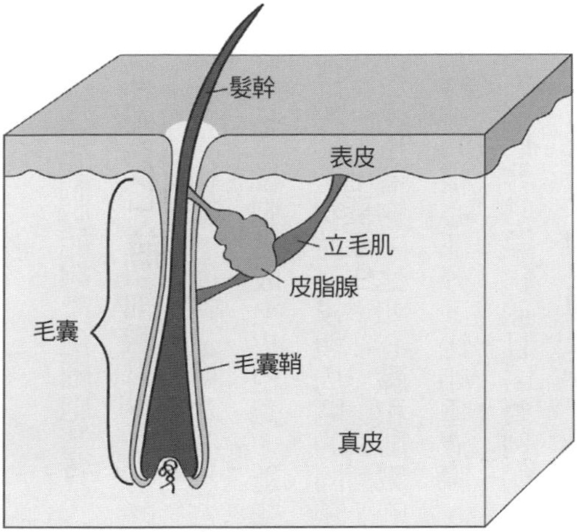

毛髮結構示意圖，位於皮膚中間的就是毛囊。（由耶魯大學的馬克 · 塞巴繪製並授權使用）

第二類細胞能夠產生細胞基質。這些細胞基質有的呈液態，有的呈固態，圍繞在細胞周圍。借助細胞基質，這類細胞可以為全身的組織和臟器提供支援；它們能產生膠原蛋白、彈性蛋白、骨骼和軟骨組織。而在皮膚上，這些細胞會產生富含膠原蛋白的深層肌膚，也就是真皮層。

第三類細胞構成上皮組織。這些細胞彼此緊密相連，具有高度的集群性，如果被分開，就會變得躁動不安並尋求與周圍的同類連接。由於它們的連接非常緊密，因此能夠在所有生物的表面形成覆蓋物，比如心臟和肺臟的外膜以及皮膚的表層。不僅如此，這些細胞也構成了許多重要臟器的核心部分，比如唾液腺、肝臟和腎臟。由於上皮組織本質上僅由細胞組成，而通常來說，它們非常柔軟並且需要例如骨骼、軟骨和膠原蛋白等外部結構來支撐。因此，當上皮細胞形成覆蓋物（如皮膚表層）時，就需要一個支撐層——真皮。

哺乳動物的皮膚表層便由多層上皮組織構成，統稱為表皮，它們覆蓋在厚而柔韌的真皮組織上。真皮層內含有各種細胞、神經和血管，為皮膚提供養分。皮膚上的毛髮纖維就是從毛囊裡長出來的，而毛囊就是一塊呈指狀並向下生長的表皮。人類的毛囊最早是在胚胎時期做為一個芽苞形成於原始表皮的底部，這個芽苞向下嵌進真皮層，並由真皮層供給養分。

完全成熟的毛囊由表皮層構成，其中不包括位於表皮底部被稱為「真皮乳突」的膠原凸起。毛囊的表層就像一個可折疊的三層望遠鏡：最內層是固態，構成毛幹；最外層做為細胞屏障，把毛囊與真皮分隔開；中間層在毛髮生長的過程中起承載和塑造作用。從毛囊的　側分生出一塊肌肉，當受到驚嚇或低溫刺激時，肌肉會拉扯毛囊，使毛幹直立起來。毛囊還分生出一個皮脂腺（或稱油脂腺），當毛幹生長出來時，皮脂腺會為毛幹表面分泌油性液體。

除了手掌、腳底和一些特殊部位（例如嘴唇、肛門和男性生殖器）之外，毛髮遍布人體全身。然而即便這樣，人類一直以來還是被稱作「赤裸的猿猴」。這是因為與其他哺乳動物相比，人類的毛髮大多較短、稀疏、顏色淺並且柔軟——就像你前額的毛髮一樣，很難察覺。

如果這就是毛髮的話，那麼接下來的問題就是：我們和其他動物為什麼需要毛髮？毛髮從哪裡來，又是如何幫助我們進化成現代人的？

從海洋移居陸地的護身符

毛髮起源於動物的進化。

地球最早的生命出現在三十五億年前，也就是在這個星球形成的十億年後。最初的生命形式都是單細胞生物——低級、單一並且獨立生活。進化的下一階段歷時二十億年，形成了膠狀的多細胞軟體生物，這些生物能在水中生存、繁殖並隨波漂流到任何地方。然而，要離開液態環境移居陸地的話，它們還需要某種輔助結構：要麼外部細胞硬化，要麼內部細胞產生骨架。前者形成外骨骼，做為體表的保護層，常見於家蠅、小龍蝦和蝸牛中；後者形成內部骨骼，骨骼中有一條分節的脊椎，常見於樹蛙、響尾蛇、袋熊以及人類中。最早的脊骨或者脊柱出現在五億年前的原始魚類身上。之後，這些脊椎動物又花了一億年時間，鼓起勇氣踏出進化過程中決定性的一步——離開海洋登上乾燥的陸地。

從外觀來說，脊椎動物的皮膚結構發生了巨大的變化：外部的上皮層由單層細胞結構變成了多層細胞結構。這對我們的主題具有重大意義，因為構成毛幹和毛囊的眾多細胞只能產生於多層細胞結構。龍蝦做為無脊椎動物，與它的近親蚱蜢（以及它們共同的遠親蚯蚓）都無法產生毛髮，因為它們的表皮是單層結構，但它們有其他的彌補方法。無脊椎動物能為表皮添加非細胞物質，比如黏液（如蛞蝓）、貝殼（如海螺）、甲殼物質（如甲殼蟲），但它們無法像脊椎動物一樣，產生一套緊密連接的表皮細胞。

如果我們將家族譜系向前追溯三億年，會很難辨認出當時的脊椎動物。但形態學和分子學記錄清晰地顯示：我們哺乳動物和爬行動物擁有共同的祖先——一種被稱作「杯龍」（stem reptile）的未知生物。這一同源關係可以在鴨嘴獸處得到證實，因為鴨嘴獸就被歸類為低等哺乳動物。這位東澳大利亞的半水生「居民」產卵，用乳汁哺育後代並且有毛髮。就分類而言，鴨嘴獸有點矛盾：哺乳動物有毛髮，產生乳汁，但它們是胎生而非卵生。很明顯，鴨嘴獸的基因有一部分和哺乳類相同，另一些則和鳥類相同，還有一些和爬行類相同。這種動物反映出早期動物進化過程的一個岔路口。它的基因既反映了原始哺乳動物的特性，又顯示出了對爬行類祖先的繼承性。這些動物的後代繁衍出所有的陸地脊椎動物，包括爬行動物、恐龍、鳥類和哺乳動物。*1

某種程度上，我們的皮膚及其附屬物可以說是遠古祖先的饋贈。當動物離開原生的海洋環境來到陸地時，它們的皮膚必須在這個危機四伏的新環境裡保護它們免受乾燥空氣、電磁輻射（強光）、氧中毒、身體創傷和極端溫差的傷害。這就需要表皮做出巨大改變：它既要有厚度，又要有強度，還要有防水性。隨著時間的推移，表皮上的分散部位逐漸隆起，並且一層一層折疊起來，從而增強了防護性。就魚類和爬行類而言，它們隆起的部分形成了扁平寬闊的鱗片。就鳥類和哺乳類而言，它們長出了細長的衍生物，這些衍生物組成一束細纖維，從皮膚表面延伸出來。其中鳥類的纖維逐漸分岔並進化成羽毛，而哺乳類則保持原樣，長出針狀的毛髮。

許多年來，關於毛髮起源的觀點眾說紛紜。一個目前很流行的假設是毛髮進化自杯龍的鱗片，其證據是大多數齧齒動物的尾部鱗片連接的地方有細小的毛髮。另一種假設認為，毛髮是從一種腺體裡長出來的，最初的作用是把腺體分泌物帶到皮膚表面。這種觀點基於觀察到所有毛囊都有油脂腺，而角質層的作用就是把油脂散布到皮膚表面，因為早期的動物需要體表的油脂來阻止水分流失。第三種假設和前兩種大同小異，認為毛髮是來自一種類似毛髮的感受器官，常見於魚類和兩棲類的體表。這些器官能提醒魚類注意所處環境的危險，比如正在靠近的捕食者引起的水體波動和前方臨近的障礙物。

事實上，許多證據都證明毛囊和毛幹起到重要的感受器的作用。對老鼠的研究顯示，每種毛髮都有不同的感覺系統，這樣不同的毛髮就能提供不同的感覺。所有毛髮都帶有神經，因此能夠探測運動，而大多數哺乳動物的上唇都有巨大而敏感的觸鬚。對於老鼠來說，這些觸鬚非常重要，甚至已經成為一種「感覺器官」。事實上，這些觸鬚自身具有應激性，一旦受到外界刺激，就會引起毛幹的反應。老鼠在夜間外出時，它的這些觸鬚就成為重要的天線，能夠悄無聲息地探查地形。

毛髮對人類來說也是重要的感覺器官。生活常識告訴我們，手臂上的細毛能準確地感受到接近的行人和夏天熱浪中的微風。而手臂有汗毛的人在感知床蝨方面也比手臂汗毛被剃光的人更準確和高效。*2

近幾年，我們瞭解到毛囊周圍除了有豐富的神經外，還環繞了許多真皮細胞，這些細胞在適當條件下也能發揮神經的作用。它們含有的蛋白質在神經細胞中也能找到，把這些細胞分離之後進行組織培養，可以成為神經。事實上，當羅伯特·霍夫曼（Robert Hoffman）博士及其研究團隊把這些細胞移植到癱瘓的老鼠身上時，他發現這不僅能幫助老鼠修復神經，還融入新產生的神經裡，使得老鼠恢復行動。[*3]

體溫調節器

毛髮也有調節溫度的作用。一隻烏龜趴在木板上抬頭迎接早晨陽光的情景提醒我們，爬行動物無法從內部產生足夠的熱量。烏龜從沉睡中醒來，爬出它那位於深溪中清冷而安全的巢穴，爬上一塊浮木，然後沐浴在早晨的陽光中——它在那裡晒太陽。和所有冷血動物一樣，烏龜依靠自然界最基本的輻射能源——太陽來獲取熱量。沒有毛髮覆蓋的表皮允許它在白天快速吸收熱量，但同時也使它在夜晚很快地損失熱量。夜晚體溫降低對烏龜來說是有好處的，因為這樣它就不需要通過代價高昂的燃料（即辛苦找來的食物）來保暖。當然，這樣雖然能節省能量，但也導致烏龜在夜間和清晨行動遲鈍。

與爬行動物相比，最早的哺乳動物能在低溫的夜間和清晨捕獵主要得益於兩個優勢。一是它們能通過新陳代謝產生熱量，不需要借助太陽光。[*4] 二是幾千年來哺乳動物的原始皮膚感受纖維密度增加，形成了高度保溫的皮膚覆蓋物：毛皮外衣。這兩點（溫血和保溫）使得它們能夠在夜間去外溫動物的巢穴裡搜尋食物而在白天避開它們。[*5]

熱量會從溫度高的地方流向溫度低的地方，這是所有在凜冬裡跑過步的人都知道的常識：當你站在太陽底下，體溫會升高，而在陰影裡體溫則降低。在這種情況下，太陽的熱能直接通過空氣傳遞給我們，就像晒太陽的烏龜那樣。熱量還能通過直接的身體接觸進行傳遞。例如，吃剛出爐的披薩時你會感覺嘴被燙到了，這是因為熱量從披薩直接傳遞到你嘴上。熱量也能通過水流和氣流來傳遞，這個過程稱為「對流」。比如，當你用吹風機吹頭髮時，吹出的空氣把加熱線圈的熱量帶到你的髮梢就是利用對流。

在以上這些例子中，熱量都是從溫度高的地方傳到我們的身體上。但熱量也可以反方向傳遞，即從我們溫暖的身體傳遞到低溫的外界。康尼島的北極熊俱樂部的骨幹每年都通過用身體來溫暖大西洋冰冷的海水以慶祝新年。這種熱量的傳遞也許當時覺得好玩，但在嚴寒中用不了多久，也就十至二十分鐘，維持生命的功能就會降低，最後甚至會直接停止。[*6]

哺乳動物的體溫需要恆定在華氏 98.6 度[2]左右，而皮膚在維持體溫方面就起到了積極作

2 即攝氏 37 度。

用。雖然皮膚對哺乳動物身體的增溫沒有幫助，但在減少熱量損失上作用巨大——這裡就不得不提到毛髮了。毛皮能有效阻隔各種形式的熱量傳遞，首先是因為它有著很濃密的毛髮。以海狸皮為例，在一塊手指尖大小的地方就長有四萬根毛髮。這種密度下，毛皮實際上成了密不可破的屏障，冷風、冰水和昆蟲都無法穿透。另外，毛髮還是熱的不良導體——是銅的導熱性的八千分之一。[*7] 濃密的毛髮還能困住空氣，而空氣的導熱性比毛髮更差。只要毛髮能在皮膚上方保持一個空氣層並阻止其發生對流，就不會有熱量損失。熱量既不能穿過毛髮從皮膚流向外界，也不能從外界流向皮膚。毛皮表面反映著環境的溫度，而毛皮之下的體表溫度則反映身體的核心溫度。當動物感受到寒冷，毛囊肌肉會把毛幹拉直，增加容納空氣的空間以提高隔熱性。這一行為能增加毛皮厚度，有效提高隔熱性，很多動物都是如此——但人類除外，因為我們已經失去了毛皮。所以當人類覺得冷的時候，雖然會汗毛直立，起雞皮疙瘩，但這古老的條件反射沒什麼用，因為我們的體毛既不夠粗也不夠密，無法維持穩定隔熱的空氣層。

獵豹一直享有「陸地奔跑速度最快的動物」這一美譽，因為它的速度最高可以達到每小時七十一英里[3]，但這種速度維持不了一分鐘，它的體溫就會升高並迫使它停下來歇息。這樣說

3 一英里大約為 1.6 公里。

不是在貶低獵豹，而是指出毛皮限制了它在熱帶非洲對炎熱的忍耐力。由於毛皮保熱性的限制，獵豹只有為數不多的降低體溫的辦法：它可以停止奔跑，躲進陰涼裡大口喘氣，舔舔爪子或把身體上無毛的部分（主要是爪子和耳朵）裸露在空氣中。如果大草原的溫度和獵豹體溫一樣或者更高，那它就不需要費勁地降溫，因為熱量自然會流向低溫的地方。於是，在這種氣候環境裡，哺乳動物適應環境的能力反而受到毛皮保熱性的阻礙，因為它阻止了熱量以任何形式散發。而這麼高效的覆蓋物肯定會阻礙人類的進化。[*8]

原始人為何把濃密體毛進化沒了？

科學家們已經推算出在高溫（華氏104度[4]）又有太陽的天氣裡，有濃厚毛皮覆蓋、直立行走的原始人持續行走十至二十分鐘就會中暑，因為他們無法快速散熱。[*9] 我們的祖先白天需要外出狩獵並生存，還要將體溫保持在華氏98.6度，就需要更好的降溫機制。但這個問題有些複雜，因為人類高效的進化依靠的是大腦（事實上，人類大腦占身體重量的比重是所有動物中

4 即攝氏40度。

最大的），而大腦對體溫升高極其敏感：華氏104度就會中暑，而華氏107度[5]大腦就會死亡。另外，大腦的溫度是由身體的核心溫度決定的，任何動物包括人類，降低多餘的核心溫度的方法只有通過皮膚散熱。所以對於進化中的原始人來說，濃密的體毛必須消失。

人們提出了很多觀點解釋原始人體毛的消失。查爾斯・達爾文（Charles Darwin）就提出過一個新奇的假設，他說男性原始人更喜歡沒有體毛的女性，因為沒有體毛看起來更性感。根據這一假設，性選擇逐步導致男性和女性都無毛的現狀。*10

現在多數研究者認為達爾文的解釋過於簡單。近來最具說服力的觀點是，人類失去濃密體毛是為了保護他們那對溫度敏感到極點的大腦。事實證明在一百萬至三百萬年前，人類開始失去濃密體毛並獲得汗腺，與此同時，原始人的大腦也在不斷增大。這些事件被認為是有關聯的。汗腺的作用就是通過排出汗液（一種主要成分是水的分泌物）控制體溫。一個人可以每小時排出幾升的汗液，而且只要高溫信號還在持續，他就會繼續出汗，直到脫水並休克為止。汗液的重要性可以用物理原理來解釋：水分要蒸發或者由液體變成氣體必須吸收熱量，而且是很多熱量。事實上，水分蒸發所需的熱量是在室溫下把水煮沸所需總熱量的五倍，所以降溫的關鍵在

5 約攝氏41.7度。

於要裸露足夠多的體表並有盡可能多的水覆蓋在表面。動物直觀地感受到水的降溫作用，並希望找到利用它的方法。一種方法是喘氣，把布滿血管的潮濕口腔暴露在空氣裡蒸發散熱。另一種方法是用附近的水源或唾液把自己身體無毛的部分弄濕。水分蒸發和身體的排汗使動物即使在外界溫度高於自身溫度的情況下也能降溫。但對有毛皮覆蓋的動物來說，汗液起不到什麼作用，因為毛皮下的水分無法蒸發。同樣的道理，毛皮表面的水分能夠蒸發卻帶不走毛皮底下的熱量。既然排汗對散發熱量和大腦健康至關重要，那麼毛皮就變成了一種阻礙。

失去濃密體毛對人類散熱的能力有重大影響，並以此發展出巨大的大腦。除此之外，毛髮還具有一定的社會作用。三個主要特點把人類與黑猩猩等其他靈長類區分開來：無毛、雙腳直立行走以及以家庭為社會單位。雌性黑猩猩能有效地在廣闊的森林裡為自己和孩子覓食，是因為它們的雙手得到了解放，孩子可以緊緊地抓著母親背上的毛趴在母親背上，不再礙事。而這在光溜溜的人類身上就行不通。由於背上沒有供孩子抓的毛髮，赤裸的人猿媽媽就得一直用雙手抱著孩子，因此極大地限制了她的覓食能力。她需要一個助手，任何家庭成員都行。日本就實大學的須藤鎮世（Shizuyo Sutou）教授提出，父親很可能會充當這個角色，如果他希望自己的後代能順利長大的話。父親為母親和孩子提供食物和保護，做為交換，母親則為父親提供盡可能多的交配機會。所以，以這個假設來看，濃密體毛的消失又衍生出了核心家庭單位。*11

隨著時間的推移，原始毛囊向不同方向進化，產生了各種不同的毛囊和毛髮類型。最初的毛囊稀疏而細小，長出來的毛幹纖細、短小、筆直。隨著時間的推移，稀疏的毛囊逐漸濃密，於是我們將其命名為「毛皮」。但在毛皮之內和全身上下還有許多不同的毛囊和毛髮類型[*10、13]，而且這些毛髮的特點在今後的故事裡還會發揮更重要的作用。

第2章——毛髮的生長模式

被移植到眼眉處的頭髮依然能正常生長。

二〇〇九年九月十日，英國首相戈登・布朗（Gordon Brown）發表公告，稱代表英國政府向已故的數學家、現代電腦科學之父艾倫・圖靈（Alan Turing）致以深深的歉意。在公告裡，布朗稱英國政府對這位愛國學者的處理是「駭人聽聞」和「毫無公正可言的」。一九五二年三月，根據拉布謝爾修正案（Labouchere Amendment）[6]，圖靈因同性戀行為而獲罪。擺在他面前的

6 又稱為《英國刑法一八八五年修正案》。

只有兩個選擇：坐牢和雌激素注射。他選擇了後者。兩年後，四十一歲的圖靈去世了，人們在他的遺體旁發現了一個被咬過的蘋果，上面塗滿了氰化物。這位正值壯年的偉大科學家的悲劇結局令人惋惜，尤其是他本可能為我們進一步瞭解毛髮做出巨大貢獻。事實上，就在被捕前的幾個月，他才剛發表了一篇論文，闡述了第一個可信的（如今被廣泛接受）數學方程式。他用這個方程式解釋了生物模式，比如毛囊排列以及這種排列是如何在皮膚裡起作用的。

生物模式涉及動植物的外觀以及它們各部分如何構成。這個理論是基於所有成熟細胞及其周邊細胞瞭解它周圍情況這一事實的。圖靈試圖回答的這個生物問題無論是在他的時代還是現在都是一個棘手的問題：一個簡單的細胞如何形成複雜的動植物生命體？

所有高等動物的生命都開始於雄性生殖細胞（精子）和雌性生殖細胞（卵子）的結合。這種結合會產生一個受精卵，而這個受精卵會在之後發育成一個全新的生命。第一個細胞需要分裂許多次才能形成一個細胞集群，而這個集群裡的每個細胞都含有相同的基因程序，而且外表看起來很像。每個細胞會發展成獨特的形狀並具有特殊的功能，並最終形成一個完整的胎兒。有些細胞形成骨骼，有些形成肝臟，有些形成頭顱，有些形成腳趾。你要是仔細考慮一下這件事就會發現它的奇妙之處，而圖靈想知道這些基因程序相同的細胞是如何變成一群截然不同的新細胞的。這些細胞又是如何與其他細胞或者環境中的物質因素相互作用，從而變成手指而不是鼻子，變成大腦而不是腎臟，變成頭髮而不是眼眉，變成大家閨秀而不是愛吹噓的小夥子。

眉毛為什麼是眉毛，而不是頭髮？

我們可以從不同的層面來認識毛髮模式。首先，毛髮的排列需要考慮到周圍其他的毛髮。從這個層面來講，每一個毛囊（以及其中的毛幹）都需要「呼吸」空間，這樣它們就需要和周圍的毛囊保持恰當的距離。最明顯的例子就是老虎、狗和老鼠鼻子兩邊的鬍鬚。它們不僅筆直生長，而且每根鬍鬚的間隔都很一致。如果適當放大，你就會看到這些鬍鬚的生長就和曼哈頓市中心的街道一樣錯落有致。

模式的另一個層面是毛髮生長的方向與頭尾關係相關。身體毛髮的尖端幾乎總是指向尾部的，或者至少不是指向頭部。在這種位置下，毛髮可以平躺在皮膚上，一旦動物迎風站立，就能提供一個緊密的覆蓋層。毛髮這種從頭到尾的分布是生命中與生俱來的部分，就像我們會自然而然地從頭到尾撫摸小狗或小貓一樣。母貓在清潔牠的小貓的時候也是用同樣的方式。如果非得逆著毛髮的方向才能除去汙跡的話，稍後牠也會在適當的地方從前向後把褶皺的毛髮舔平整。事實上，二十世紀的瑞士登山者就善於利用毛髮的自然生長方式。他們把海豹皮綁在雪橇的底部，在白雪皚皚的阿爾卑斯山麓上越野穿行。他們調整海豹皮，把與海豹頭部對應的皮綁在雪橇頂端，這樣倒豎的毛皮就能阻止上坡時的下滑。而下坡的時候，他們既可以留著這毛皮來減緩下坡的速度，也可以去掉毛皮暢通無阻地滑下山坡。

人類腹部的毛髮也以一種獨特的從頭到腳的方式生長。男性下腹和恥骨區強韌而捲曲的毛髮通常呈騎士盾牌的形狀，盾牌的尖端指向肚臍，就像火星的符號一樣。女性的陰毛遍布下體並在陰部形成一條水平線。而在這些粗糙毛髮的上部和旁邊生長的毛髮卻纖細、短小、顏色很淺，極難察覺。

最後，毛幹的樣子也各不相同：有長有短，有卷有直，有厚有薄，有暗有亮。它們所處的身體部位不同，特點也就不同。但是，由於哺乳動物的左右兩邊是對稱的，所以兩邊會有對應的相同毛髮。比如說，你的右上臂長有毛髮，那相應的，你的左上臂也會有。不同類型的毛髮之間的差異會很明顯，就像一塊很高的草叢邊上挨著湖邊的淺草一樣。想想你前額上那極短又很難看到的毛髮長在那兩道短小、濃厚的深色眼眉上面會怎麼樣。

既然不同部位的毛髮間存在著或多或少的差異，那麼我們假設它們有功能差別也就合乎邏輯了。眼睫毛通常短小而堅韌，它們向外翻卷以減少異物進入眼睛。腋下和陰部的毛髮又短又彎，目的是減少皮膚間的摩擦、防止蚊蟲叮咬並釋放氣味。鬍子一般粗糙、濃厚並且捲曲，目的是防止外傷、抵禦寒風和強光。不同的毛髮構造對皮膚產生不同的作用。

神奇的生長因子

那麼，是什麼決定了毛髮的位置和形狀呢？圖靈已經知道所有器官（包括毛囊）的形成和位置是由細胞的生長和移動決定的，但他不知道是什麼東西讓這些細胞各司其職。為了回答這個問題，圖靈設計了一系列數學方程式，並希望能找出一種模式。最後，他發現他的數學方程式需要三個參數：感受細胞、細胞構成的特殊生長因子以及細胞周圍液體裡的生長因子構成的梯度。

「梯度」描述的是某事物的密度在兩地之間出現的漸變現象。我們可以用街邊的冰淇淋小店來解釋梯度。如果你在盛夏裡一個燥熱的週六晚上拜訪我的家鄉，你很快就會發現，沿著主街道有兩家非常受歡迎的冰淇淋店，它們到城市廣場的距離相等。一家在城市廣場的西面，賣的冰淇淋是裝在小杯子裡的，並且配有很講究的挖勺。另一家在廣場的東面，賣的冰淇淋是用脆筒裝的。每家店都有很多顧客光顧，人們開始一邊吃冰淇淋一邊沿著主街道慢慢走向城市廣場，因為廣場那裡總會有些活動。人們手中的冰淇淋在接近各自售賣點的地方最多，但是隨著人們走向廣場，無論是杯子裡的還是脆筒裡的冰淇淋都在減少。而到了廣場，冰淇淋也就吃完了。那麼結合兩家冰淇淋店和城市廣場，看看有多少人吃冰淇淋、冰淇淋容器的形狀是脆筒還是杯子以及容器裡剩餘的冰淇淋，你就能辨別出你在市中心的什麼位置。只要人們持續購買冰淇淋，並且在走向廣場途中慢慢地吃掉，就會形成一個冰淇淋的梯度。你根本不需要GPS來定位（眼尖的讀者會發現我們沒有考慮那些懶得去廣場的人、吃冰淇淋一口一個的吃貨以及其他各種會破壞我們梯度說明的人。[*1]）。

現在我們把梯度的概念轉回皮膚的形成上來。在胚胎的最早期，未成熟的皮膚是由一層外表相似的細胞構成的。在某個特定時間點，這層細胞會釋放出生長因子，引起周邊細胞產生某種響應。隨著生長因子從產生它的細胞那裡擴散開來，就會形成一個梯度。因為這個梯度，相鄰的細胞會產生不同的回應——有的生長因子少，有的則很多。生長因子多的鄰近細胞會以一種方式回應，而生長因數少的鄰近細胞則會以另一種方式回應。所以，借助生長因子梯度和回應細胞，圖靈的方程式就能夠預測模式了——就像我們可以看出與兩家冰淇淋店相關的步行模式一樣。[*2]

圖靈雖然找出了模式，但真正找出那些非常重要的、可以形成模式的生長因子的人，卻是二十世紀中期的下一代研究者。但是首先，科學家得開發出合適的工具，以實現在實驗室燒瓶裡培育各種動物細胞、分離並分析蛋白質、確定DNA（去氧核糖核酸）和RNA（核糖核酸）裡儲存的基因並控制活體動物模型的基因表達。借助這些新工具，來自北美、歐洲、日本以及澳大利亞的科學家發現影響毛囊位置和形成的生長因子是一種微小的蛋白質，這種蛋白質具有以下幾個特性。

第一，生長因子永遠不會單獨行動，而是做為一個協調得當的團隊活動。如果把這些因子比作運動員，那它們更像足球運動員——前場運球、傳球、接球、射門——而不是孤獨的長跑者。相應的，與足球運動員被指定了如後衛、中鋒和前鋒等位置一樣，生長因子也各自起著特殊的作用：有的刺激細胞黏在一起以形成毛囊基礎，有的刺激細胞形成毛髮，還有的刺激細胞使毛髮捲曲或者呈現不同顏色。沒有任何一個生長因子能獨自帶來所有這些變化，這是團隊協作的結果。

第二，生長因子既可以在細胞間游離，也可以留在它們的起源細胞處並能和周圍細胞和諧共處，不會產生排異。然而，無論它們到哪裡，其受體細胞都會附著到細胞外表面上。一旦生長因子與受體細胞結合，受體細胞就會從細胞膜向細胞核發出信號。細胞核會思考、應答，並最終產生指導細胞行為的信號，然後細胞就會做出回應，例如改變形狀。

第三，生長因子既是啟動者又是妨礙者，即有些因子會啟動程序而其他的則會阻礙程序。

科學家發現，毛囊的形成最終取決於抑制因子。這些阻礙生長的因子會抑制另一個生長因子發揮作用。一種抑制因子能啟動一個程式看似違反常理，但只要你認識到抑制因子是抑制那些阻礙啟動過程的因子時，一切就合理了。這樣一旦抑制因子相互抵消，生物系統就會呈現出「一切就緒」狀態。例如，如果一個快遞員（催化劑）正在投遞包裹卻被流氓（抑制劑）攔住了，那所有包裹都將無法投遞。但是，如果一個員警（流氓的抑制劑）能夠阻止流氓，包裹就能正常投遞。當然，流氓自己也可能得到幫派成員的幫助或被阻撓，或者遭到敵對幫派成員的阻撓；同樣，員警也可能得到其他員警的協助或受到繁文縟節的約束。所以，如果多個角色在包裹投遞中發揮作用，就像這個奇特的例子一樣，為了讓你收到包裹就需要做出大量決定。因為在毛囊形成過程中有這麼多的決策步驟，所以系統就處在嚴密、謹慎的控制之下。如果沒有多層次的調控信號，細胞可能會以雜亂無章的排列形成毛囊而無視相鄰細胞，或者在不需要的地方形成毛囊，而更糟糕的情況是增生成為惡性腫瘤。

在大多數生物系統中，控制細胞生長是通過抑制劑的抑制作用來實現的。（由耶魯大學的馬克 · 塞巴繪製並授權使用）

表皮與真皮的雙向對話

所有哺乳動物的毛囊形成都開始於未成熟的表皮層。但為了生長，毛囊需要真皮層的幫助。它需要真皮層提供結構支援、血液供應和重要的生長因子。在毛囊形成過程的早期，表皮和真皮之間會產生一段活潑可愛的「小對話」，比如這樣：

「嗨，真皮老弟，」表皮說道，「現在生長因子達到活躍的頂峰了，我正給你發生長因子呢，咱們得開始建造毛囊了。」

真皮細胞以另一種生長因子的形式給表皮回信：「好的，表皮老哥。我這就回信告訴你我準備好了。但是，為了順利施工，你得再發一個信號告訴那些真皮細胞，讓它們聚集到新毛囊要生長的地方。」

「沒問題，」表皮回覆道，「信號來了。但是，真皮老弟，你要開始做血管了，因為那些快速增長的毛囊會需要很多食物的。」

像這樣，這種雙向的對話會在刺激、抑制、成型和平衡階段不斷繼續。即便毛囊開始發育，甚至在毛囊完全形成後，表皮和真皮的對話還會繼續，並且必須持續直到毛囊的生命結束。

如果你在毛囊形成時期觀察一個人類胎兒的表皮，首先你會看到有輕微變厚的點：毛囊形成部位的表皮細胞腫脹，充滿生機。很快，這些表皮細胞就會形成一個小凸起，凸起會長成指狀並伸入真皮底層。經過一段時間後，指狀物會包裹在最深層的一小塊真皮裡，這被稱為「真皮乳突」，然後指狀物會成為一個成熟的完整毛囊並具有三層嵌套特點：皮脂腺，一束肌肉，最後是向外生長的毛髮。

儘管所有哺乳動物都是以同樣的方式形成毛囊，但不同的哺乳動物在不同時間形成其第一個毛囊。有些哺乳動物在子宮內就已經形成最初的毛髮，而有些則是在出生後形成的。因此牛、馬、狗生下來就有毛，而家鼠、野鼠和負鼠出生時卻無毛。就人類來說，最早的體毛是在妊娠中期形成的，所以人類天生就有毛髮，只是除了頭髮和眉毛之外其他的很難看見。人類的頭皮最終會長出大約十萬個毛囊，身體其他部位則長出三百萬至五百萬個。人的一生通常不會長出額外的毛囊，更糟的是（許多老年人都深有體會），隨著時間的推移，身體的毛囊數量會不斷減少。

兒科醫生的私下觀察發現，所有的孩子都表現出不同的毛髮生長模式。有些嬰兒出生時就有長髮，而且之後會繼續生長。有些嬰兒的頭髮會在出生幾個月後脫落，然後立即長出新的頭髮。還有的出生時沒有頭髮，幾個月才開始長出頭髮。對許多嬰兒來說，胎髮如同漂浮在頭皮上的一層薄紗。這些纖維由於不夠重，不足以臥倒在頭皮上，所以會筆直地豎著，在適當的光照下，形成一個絢麗、轉瞬即逝、一生只有一次的新生兒光暈。

雖然我們現在比圖靈更瞭解毛髮的分布、模式和生長情況，但仍有許多方面我們還不明白。例如，一旦毛囊成為成熟個體，便不再依賴於周圍任何生長因子的梯度。因此，當外科醫生將頭毛皮囊移植到眼眉時，頭皮的毛囊會繼續生長，長出像頭髮一樣又長又直的毛髮。雖然我們還不知道為什麼會這樣，但外科醫生已經利用這個特性來治療脫髮了。關於這個話題，我們以後還會繼續論述。

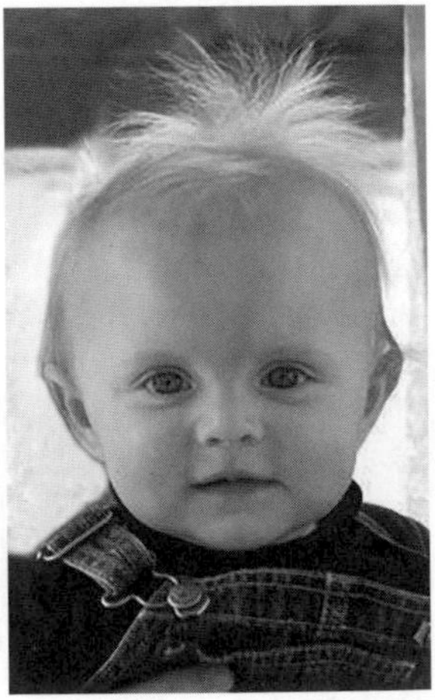

新生兒光暈。（由克雷格・伯恩漢授權使用）

臨床研究表明，頭皮之下的大腦似乎會影響頭毛皮囊的位置。例如髮旋（俗稱腦後亂髮），這是一個頭髮呈旋渦狀的地方，位於頭部後方。頭髮形成的螺紋可以是順時針方向的，也可以是逆時針方向的，或兩者兼有。臨床醫生發現，髮旋螺紋的方向與頭髮和皮膚有關，它反映了左右偏好，這又與大腦有關。在五百位美國成年人的抽樣調查中，來自美國國家癌症研究所的艾瑪・克拉爾（Amar Klar）發現，在習慣用右手的人中超過百分之九十的人髮旋呈順時針旋轉，而在非慣用右手的人（包括慣用左手和兩手同樣靈活的人）中則沒有這種關聯。[*3] 為了強調毛髮模式的深層含義，貝恩德・韋伯（Bernd Weber）教授和他在波恩大學的同事表示：順時針方向髮旋的受試者，其左腦的語言區有巨大的優勢，而逆時針髮旋的受試者則沒有這樣的關聯。[*4]髮旋方向模式和用手偏好之間的關聯並不是人類獨有的。右單側馬（該定義是基於馬匹在右韁繩控制下奔跑、跳躍或表演盛裝舞步[7]時的偏好行為）面部呈現更明顯的順時針髮旋。[*5]人類頭頂的髮旋也暗示了某些病理狀況。例如多髮旋的兒童腦部發育不健全的概率是單髮旋的兩倍；[*6]此外，多髮旋或交叉狀髮旋的兒童患有潛在的腦畸形的機率較高。[*7]

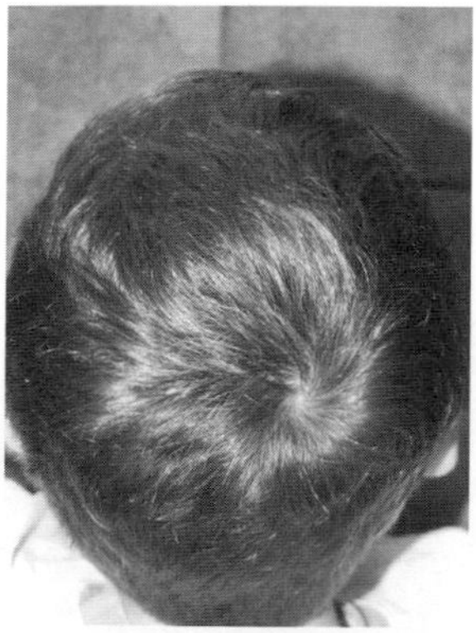

十歲左撇子男孩的髮旋，可以看出頭髮主要呈逆時針的方向排列。（由 K. 斯沃博達授權使用）

這些發現具有奇妙的相關性，即使我們尚未完全瞭解大腦與毛囊的關係模式。胚胎學家認為，該關係可能反映了這樣一個事實：在胚胎形成的早期，皮膚和腦細胞是由一個共同的組織分裂而來的。無論如何，這些觀察又引出了在第一章中描述的進化的概念，即毛囊是由一種感知或神經狀結構細胞進化而來。[*8]

7 盛裝舞步（Dressage），源自法語「訓練」一詞，是文藝復興時期歐洲騎兵訓練馬匹的方法。此項比賽旨在考驗馬匹的服從性、靈活性、自信、柔軟、沉靜、注意力和機敏以及與騎手的協調性；騎手與馬匹講求人馬合一，並合作演出一連串精心設計的優雅舞步動作，因此盛裝舞步賽被形容為「馬匹的芭蕾舞表演」。

我們所知道的是，一旦形成，毛囊便開始產生毛髮，並經歷獨特的生長週期。這個週期的具體情況，取決於一類非常特殊的細胞。而發現這種細胞還需要另一代的科學家。

第3章——對話毛囊

毛囊由身體中分裂最迅速的細胞構成。

喬治・柯薩萊利斯（George Cotsarelis）是一位一絲不苟、嚴肅認真且患有嚴重禿頂的學者。二十世紀八〇年代晚期，他在毛髮生物學領域有了重大發現，這個發現將徹底改變該領域今後幾十年的研究進程。在賓夕法尼亞大學醫學院的課程作業中，柯薩萊利斯發現毛髮是從皮膚上許多叫作「毛囊」的指狀細胞裡長出來的，並且只有毛囊再生才能產生新毛髮。可是，任何組織的再生都需要幹細胞的參與。幹細胞具有自我再生和用來培養特定細胞的雙重功能。該領域的專家承認新毛髮的生長需要幹細胞的參與，但不知道毛囊的幹細胞在哪裡。柯薩萊利斯對這些特殊細胞能夠使他和研究夥伴複製出新的毛囊從而解決人類禿頂問題充滿了信心，於是著手尋找並分離這些細胞。而這項工作花費了十五年的時間。

在十九世紀和二十世紀早期，醫學研究者著手研究基因組計畫的浩瀚工程，他們記錄細胞的構成和所有正常及病變組織的結構。他們使用光學顯微鏡和染色劑這些簡單而有效的工具來區分不同類型的組織、細胞和細胞成分。而借助這一方法，包括英國的法蘭西斯・W・德里（Francis W. Dry）、路德維希・奧柏（Ludwig Auber）、威廉・T・阿斯特伯里（William T. Astbury）和德國的費利克斯・平克斯（Felix Pinkus）在內的一小部分英倫和歐洲大陸的學者選擇對毛囊進行研究。但是，當時關於毛囊的詳盡資料少之又少，是什麼原因讓這些科學家決定關注這細小的毛囊呢？答案是經濟動力。因為當時的牧場場主和羊毛商人都渴望提高產品的數量和品質，所以出資建立了許多研究基地，例如英國的毛紡工業研究協會、德國的德意志毛紡研究學會和澳大利亞的聯邦科學與工業研究組織。這些研究基地為解剖學家、病理學家、生物學家和醫藥化學家提供了進行毛髮研究所需的實驗室，並通過這些研究使毛紡工業更加有利可圖。而這些研究者當初的發現也成了今天我們所知道的毛髮知識的基石。

毛髮生長的四個週期

首先，科學家們確定毛囊是一種分層結構。他們發現毛囊由三層內嵌的細胞柱組成，就像俄羅斯套娃和折疊望遠鏡一樣，稍大的一層套著稍小的一層，最中心的一層構成了毛幹本身。他們同時還發現毛囊的特性遠比其層狀結構複雜得多。他們在顯微鏡下觀察到毛囊的形狀和大小的變化隨著時間推移呈現可預測性和重複性。簡單來說，就是毛囊的生長具有週期性。

現在我們知道無論是單細胞的變形蟲還是多細胞的老鼠，生長週期是一切生命形式所固有的。即使是從人類表皮剝離下來並培養在實驗室裡的細胞也呈現週期性變化。要知道，生物可是在這個被地球的自轉、公轉和月球引力所左右的週期性環境裡進化、成長繼而興吐起來的。此外，由於哺乳動物的胚胎是在子宮中成長的，而子宮毗鄰全身最大的血管，因此自受孕之時起，胚胎就能感受到母親脈搏的節奏。雖然所有生物都有規律性，比如睡眠、甦醒、再睡眠，但很少會像毛囊這樣在外型和活動的變化上表現得如此有跡可循。

實際上，在十九世紀那些故弄玄虛的研究毛紡和毛髮的科學家之前，石器時代的人類就已經熟知毛髮生長的週期特性。例如，北美洲印第安人懂得晚秋時節的海狸皮最適合拿來做衣服，因為這個時候的動物毛皮最厚，最適合抵禦冰雪、凜冽的寒風以及加拿大刺骨的河水。他們不僅觀察到秋天的毛皮比春天濃厚，還觀察到在深冬和盛夏毛髮會停止生長。所以為了得到最好的毛皮，他們知道必須從冬季捕獲的海狸身上收集。

對大多數有毛皮的動物來說，毛髮生長的起止與地球在繞日軌道上所處的位置有關。這種與太陽的關係意味著，一年之中所有動物毛髮生長的時間都一樣，脫落的時間也是如此。換言之，對有毛皮的動物來說，它們毛髮的生長週期具有同步性和一致性。從海狸到寵物貓，所有動物的毛囊都以相同的方式在同一時間生長、暫停和脫落；在晚春時節，當你和寵物貓嬉戲時，會突然發現有好多細絨的毛球黏在毛衣上——比一年中的任何時候都多——那是因為你正好趕上大部分毛囊都處在脫毛期。

人類頭部的毛囊在這方面則有所不同。它們也有週期性，但多數情況下與天文現象無關。它們在二至六年不等的時間裡產生頭髮，然後停止生長，並且不受任何內外變化的影響。所以，你頭頂可能有一根頭髮正在生長，另一根卻在脫落，還有一根正在休眠。

一九二六年，法蘭西斯・W・德里教授（一位熟練的光學顯微鏡使用者）在里茲大學著手描繪在生長週期中毛囊結構的變化。[*1] 他發現雖然人類成年之後不會再產生新的毛囊，但舊的毛囊依然會隨著時間呈現基本的和可預測的形狀變化。他認為這些變化和月相的週期變化相似，並給每個階段都命了名。

德里教授把毛囊形成新毛幹的階段稱為「生長期」。在這個階段，毛囊嵌入皮膚深層，最底部的細胞急速分裂。隨著底部新細胞的產生，毛幹向上生長並露出體表，這時毛幹的生長速度約半英寸[8]每月。毛囊在底部產生新細胞的時間越長，也就是毛囊的生長期越長，髮幹的長度也就會越長。由於頭毛皮囊的生長期一般持續二至六年，所以沒有修剪過的人類頭髮在脫落前可以長到一至三英尺[9]。而身體其他部位的毛髮則比較短，因為它們的生長期不長；例如睫毛，生長期只有三十天，所以這些纖維都長不到半英寸。[*2]

只要細胞在毛囊底部迅速分裂，毛幹就會向外生

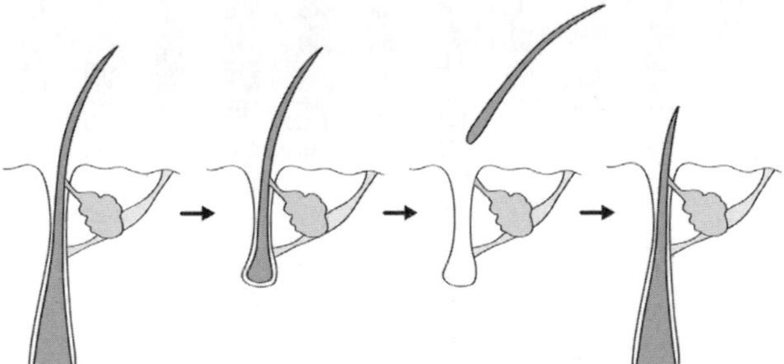

毛囊生長循環示意圖。只要生命還在繼續，毛囊就會循環生長，不斷產生髮幹，然後再脫落。（由耶魯大學的馬克・塞巴繪製並授權使用）

8 一英寸約等於2.54公分。

9 一英尺約等於30.48公分。

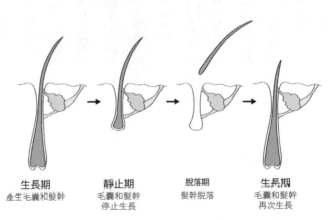

長。然而，當毛幹達到由基因決定的某一長度時，毛囊便停止產生毛幹細胞，毛幹也停止向外生長，而底部的毛囊也會向上收縮，德里把這個毛囊收縮階段稱為「退化期」。此時，因為構成毛囊下半段的細胞像葡萄乾一樣萎縮並消失，所以毛囊開始縮短。這個收縮階段的奇妙之處在於毛囊底部細胞的消失方式，它是以從下向上的方式消失的，但在整個週期過程中，即使在毛幹停止生長後，毛囊頂部也不會有任何變化。在這個生命週期中，毛囊上下移動，就像貫穿人生始終的一個溜溜球。只要人活著，毛囊就將以這種方式循環運動。*3

目前，研究毛囊的科學家認為是一種特殊的分子信號告訴毛囊何時開始生長、何時停止生長並進入退化期。如果我們知道這種信號是什麼，就能夠隨意控制頭髮的生長，但不幸的是，目前我們對此仍然知之甚少。然而，有一項研究給出了線索。在舊金山的加利福尼亞大學，蓋爾・馬丁（Gail Martin）教授帶領一個實驗室研究生長因子在幼鼠腦部發育中發揮的作用。*4 為了測試某一個生長因子的重要性，她和團隊成員用基因工具培育出缺乏該因子的幼鼠。當這個團隊把一個生長因子——「五號纖維原細胞生長因子」從測試幼鼠身上所有的細胞裡移除後，他們發現幼鼠是完全健康的，而且沒有出現神經病變，只是體毛變得長而粗糙。事實上，這些幼鼠看起來像安哥拉長毛動物（比如安哥拉豚鼠、安哥拉兔、安哥拉山羊和安哥拉貓），它們都長有又長又健康的毛。科學家們研究這些老鼠的毛髮週期時，發現這些老鼠有異於尋常的超長生長期，並由此產生了超長的髮幹。他們試圖在其他安哥拉長毛動物身上尋找這種生長因數，發現長毛品種身上的這種因數遠少於短毛的品種。（最近的一項研究發現表明，人類毛囊中缺少這種因數也會導致毛髮變得特別長。[*5]）馬丁教授及同事得出結論：這種生長因子就像一個生長制動器一樣調節毛髮的長度。目前，研究人員正在試圖搞清楚這一生長因子如何運作，以及它能否用來治療頭髮疾病。

毛囊的退化期很短，僅持續幾天。這之後，毛囊便進入休眠階段，德里教授稱其為「靜止期」。在此期間，細胞不生長不分裂，毛幹也停止生長。在這個階段中，毛囊長度達到最短，毛幹長度達到最長，並且毛髮也最穩固強韌。靜止期可以持續幾個星期到幾個月，這對於那些生活在寒冷環境中的有毛動物來說非常有利，因為在冬季，產生新毛髮所必需的高蛋白食物可能非常有限。當新一輪刺激生長的信號到來，這個休眠階段也就隨之結束。

毛髮生長週期的第四個階段是脫落階段，被稱為「脫落期」。在這一階段，毛髮連接鬆動，毛幹脫落。在野外，多數處在無毛狀態的哺乳動物很難生存，因此毛髮脫落和新生之間必須有一種微妙的同步。通常情況下，新生的毛髮長出來之前不會進入脫落期。研究表明，當一系列酶放鬆對髮幹的附著時，脫落期就開始了。人類頭髮脫落的速度是穩定的，每天有五十至一百根頭髮脫落。控制脫落階段很重要，因為我們中的大多數人不關心頭髮是在生長還是休息，但是當感覺到脫落的頭髮比平常多時，我們就要開始恐慌了。

生物學家已經提出疑問：為什麼毛囊要不厭其煩地進行週期循環。畢竟，除了子宮（月經正常的婦女，其子宮內膜每個月都會脫落並形成一次），沒有其他成熟的人體器官會經歷形成、脫落、再形成的週期循環。器官循環必須有重要的原因，因為就整個過程所耗費的資源來說，形成一個器官再丟棄它的代價是很高昂的。對此，科學家們已經提出了三種可能的解釋。第一種是基於對頭髮磨損的認識，即使是梳頭這樣溫柔的動作，也會使毛幹受到結構性損傷。第二種是毛髮脫落為動物提供了一種清潔身體皮膚的手段，讓它們換上清潔無菌的新外衣。第三種解釋是，通過脫落，動物可以調節它們的毛皮外衣，以適應棲息地的變化，比如明尼蘇達州的黃鼠狼用緊密、白色的過冬毛皮取代它們稀疏、棕色的夏季毛皮。目前還不清楚為什麼人類的毛髮也會脫落，最簡單的解釋是，週期循環是毛髮生長的重要部分，是我們遙遠的祖先遺留下來的一種傳承。

健康出現問題可能會導致毛髮生長週期紊亂。一個女人在分娩後，可能會大量脫髮。這是因為女人在懷孕時，胎兒發育所需的血液激素達到頂峰，致使毛髮生長期延長，脫落期延遲，結果頭髮密集生長、變長。分娩後，當激素水準恢復正常時，母親的頭皮上便有異常大量的毛囊停止生長，進入休眠階段。一旦三個月的靜止期結束，頭髮便開始脫落，而且數量遠遠超過大多數婦女所經歷過的。幸運的是，在這種情況下，雖然舊的頭髮脫落了，但是新的頭髮纖維也已經出現，儘管還很短。

近期分娩會導致女性大量脫髮，但生活中經歷的其他應激性事件也可能導致脫髮，比如經歷普通外科手術、嚴重創傷、喪親、離婚和失去工作（在下一章裡我們將詳細解讀這一現象）。大量脫髮的患者往往在近幾個月來經歷過應激事件，這一事實反映出與毛囊內部生物鐘（在生長期結束後，毛囊會休眠三個月再進入脫落期）具有驚人的一致性。[*6]

在癌症治療過程中，毛髮週期也會發生改變。一旦被確診為乳腺癌，病人和醫生就需要在許多不同的治療方案中做出選擇。在許多情況下，治療方案潛在的副作用可能會影響甚至決定病人的最終選擇。在化療期間，病人會服用一種有毒藥物，它能殺死所有迅速增長的細胞，無論是健康的還是癌變的。人體最活躍的分裂細胞存在於骨髓、腸道和毛囊底部，所以病人在化療過程中承受的痛苦，實際上反映的是對這些組織造成的傷害。接受化療的癌症患者由於缺乏紅細胞和免疫細胞而極度虛弱，極易受到感染；由於傷害波及胃腸黏膜上皮細胞，病人會出現腹部絞痛和腹瀉。而最明顯的表現是病人大量脫髮，因為他的毛囊底層快速分裂的細胞受到了損害。

現在的化療還做不到在不傷及其他快速分裂的健康細胞的同時，選擇性地殺死癌細胞。而毛囊週期對解決這一問題至關重要，因為在靜止期的毛囊裡僅含有少量分裂細胞，這實際上是對化療的抵抗[*7]：它們缺乏化療要殺死的目標，即快速分裂的細胞。問題是大多數人的頭毛皮囊會在幾年內一直處於生長期。從理論上講，如果你能在化療過程中讓毛囊處於靜止期，就能最大程度地減少脫髮。而這正是我們無法做到的。

一旦病人停止服用抗癌藥物，他身上所有受影響的毛囊就會得到休養，然後再次進入生長期，形成新的毛幹。然而，重要的毛囊分裂細胞已被殺死，所以現在的問題是：飽受折磨的毛囊如何再次進入新的循環週期呢？這時就需要毛囊幹細胞的援助了。

毛囊被殺死後還會再生嗎？

在「二戰」後的幾年裡，路德維希・奥柏獲得了愛丁堡大學的博士學位，並加入毛紡工業研究協會（現在的英國紡織品科技集團有限公司）。在那裡，他發起了一系列綿羊毛囊的微觀研究。在許多基本的觀察中，他發現毛囊中幾乎所有的快速生長細胞都位於毛囊最深層部分的一個限定區域內。對奥伯來說這合乎邏輯，只是之前沒有被明確地說出來。隨後，北美、歐洲、亞洲和澳大利亞的其他科學家也證實了奥伯的觀察，既然大多數的分裂細胞都在毛囊的最底部，那麼負責毛囊週期循環的幹細胞也一定在那。

一直以來，幹細胞位於毛囊底部這一結論都被奉為真理，直到近五十年後，喬治・柯薩萊利斯才對這一論斷提出質疑。柯薩萊利斯知道其他系統裡的幹細胞是增長非常緩慢的儲備細胞，它只分裂形成兩個子細胞：一個會像它的先輩一樣成為幹細胞；另一個會成為一種特殊細胞，它可形成一個或多個成人的身體組織，如毛囊、皮脂腺以及相鄰的表皮。[*8]

柯薩萊利斯明白，如果可以一次性標記（這裡的標記指的是給細胞染色）所有毛囊細胞，然後幾周後再檢查它們，會發現只有分裂最慢的細胞（即幹細胞）能保留標記。這種方法是基於這樣的觀察：當細胞生長時，它們會分裂成相等的兩半，母細胞所攜帶的標記在每個子細胞裡會稀釋成一半。想像一個少女喝了她父母的伏特加，每次只剩一半時，就往瓶子裡補半瓶水。當補到第六次時，酒精含量將低於百分之一，她的父母根本分辨不出瓶子裡還裝有伏特加；事實上，瓶子裡的東西更像是純淨水。同樣的稀釋效果也發生在毛囊深層快速分裂的細胞中：由於每個細胞分裂的速度約為一天兩次，染料標記將會被稀釋，直至檢測不到。另一方面，分裂緩慢的細胞（如幹細胞），即使在很長一段時間後，仍將保留一些最初的標記。

使用這種方法，在皮膚細胞被標記幾周之後，柯薩萊利斯仔細檢查皮膚和毛囊細胞，尋找還保留著染色標記的細胞。首先，他找了他的老師們讓他找的地方——所有活動的發生地，即毛囊的底部，但沒有發現被標記的細胞。而當他把視線轉移到深處毛囊上部時，他才發現被標記的細胞高度聚集在處於生長期的毛囊裡，就在毛囊肌肉嵌入的地方。他向科學界報告說，毛囊幹細胞在毛囊中部被稱為「隆起」的地方，而不是在其底部。[*9] 這個發現表明，能夠在化療後再生毛囊的幹細胞其實位於毛囊中部，與毛囊底部活躍的生長細胞相距甚遠。

你可能會覺得，如果你有一個幹細胞，你所要做的就是把它植入皮膚的任何地方，然後就是見證奇跡的時刻了——新的毛囊和毛幹出現了。但事實並不是這樣的。許多實驗表明，如果只是單純地把這些細胞移植到皮膚上，並不會出現新的毛囊。這證明，要完成任務還需要另一種細胞。

第二個細胞的故事發生在二十世紀六〇年代，地點是大西洋彼岸的蘇格蘭泰河灣。在那裡，被趕出家園的英國人——羅伊·奧利佛（Roy Oliver）教授在杜迪大學建立了一個實驗室，以研究器官的形成，如牙齒、肝臟、羽毛或毛髮。當時，胚胎學家知道，大多數器官的產生需要兩種組織的相互作用：表皮和真皮。在整個器官形成過程中，這兩個組織彼此距離很近並且頻繁交流，我們已經在上一章中聽到過它們的對話。

正如毛紡科學家以前發現毛囊中含有表皮和真皮兩部分，奧利佛認為，這些組織一定在新的毛囊形成中發揮著重要作用。因此，他選擇把毛囊做為一個模型系統來研究，用於分析器官形成中的真皮成分。在早期的研究中，他發現，如果移除在毛囊底部高度集中的真皮細胞——

真皮乳突，頭髮就會停止生長；而把它移植回來後，頭髮就會恢復生長。此外，在一些令人詫異的研究中，當他和同事們將真皮乳突植入到幼鼠的皮膚表皮下時，發現乳突具有在沒有毛囊的表皮中產生毛囊的能力。*10

為了分析真皮乳突的工作原理，奧利佛將他帶的研究生柯林・賈荷達（Colin Jahoda）調進這個項目。賈荷達完善了將真皮乳突從毛囊裡分離出來並在實驗室條件下加以培養的技術。最終，這個團隊證明了構成真皮乳突的細胞可以在實驗室裡培育出來，當細胞被重新植入到活體老鼠的皮膚之後，它們有能力刺激形成新的毛囊。杜迪大學小組通過多個實驗表明，頭髮生長的過程需要另一種重要細胞的參與，而這種細胞就在真皮乳突裡。當這種真皮乳突細胞與表皮相互作用時，一個新的毛囊便形成了。

既然在單獨移植上皮幹細胞時無法產生新毛囊，於是柯薩萊利斯就假設新毛囊的形成需要獨特的上皮幹細胞和亞霍達、奧利佛描述的真皮乳突相互作用。同時他還大膽地提出，這兩者之間的互動驅動毛髮的生長週期不斷循環。他認為在靜止期結束、上皮幹細胞和真皮乳突細胞最接近時，它們彼此間會發出接合資訊，從而開始新的週期。事實上，當他和他的同事把這兩種細胞移植到幼鼠皮膚上後，這一組合催生了嶄新的、不斷循環的、能產生毛髮的毛囊——這個激動人心的結果也暗示了解決脫髮等臨床問題的新方法，而這個話題我們以後還會再談到。

雖然我們相信現在我們已經確定了在毛髮生長週期中起主要作用的細胞——毛囊上部的上皮幹細胞和底部的真皮乳突細胞——但我們還是沒法瞭解細胞間是如何溝通的。我們既不知道這個細胞對話的全部內容，也不知道它們的對話何時發生、有多響亮。目前的觀點是，在毛囊底部的真皮乳突細胞發送資訊給相鄰的、休眠中的上皮幹細胞來啟動生長期，進入生長階段。毛囊上部的休眠幹細胞通過向下移動來補充毛囊底部的分裂細胞，以此對真皮信號做出回應。毛囊的底部重新形成，然後形成新的髮幹來開啟下一個週期。

在最近十年裡，毛囊週期的發現讓科學家把毛囊做為模型來研究幹細胞如何對病變或肢體缺失部分的再生起作用。毛囊是一個用於研究器官再生的理想模型，因為它是現成的，在所有哺乳動物的皮膚上都有，其中含有幹細胞，並且在哺乳動物的生命裡不斷循環再生。科學家相信，從毛囊中獲得的知識，將可直接應用於健康器官再造，如牙齒、腎臟、肝臟、大腦、眼睛、手指、皮膚等。

但毛囊不是一座孤島，身體狀況的變化對頭髮的影響和水土品質對農作物的影響是一樣的。情緒壓力會使頭髮變白，身體激素會導致頭皮變禿。這些異常現象就是頭髮遇到的壞天氣，但同時也教給我們更多關於頭髮的生理特性。

第4章——頭髮的壞天氣

長時間暴露在噪音環境下會減少毛髮生長。

在短篇小說〈莫斯可漩渦沉溺記〉（Descent into the Maelstrom）裡，愛德格・愛倫・坡（Edgar Allan Poe）講述了一個年輕的漁夫出海捕魚的故事。當漁夫遠離挪威海岸時，天空突然變暗，海上波濤翻滾。正當漁夫要調轉船頭返航時，周圍的海水聚集成一個巨大的漩渦。雖然他是個經驗豐富的水手，但仍然無法擺脫急速旋轉的海水，連船帶人都被吸入了這巨大黑暗的漩渦裡。在不斷的掙扎中，漁夫失去了他的同伴和船，自己卻奇跡般生還，並在事後告訴敘述者：「你認為我是一個年紀很大的人，但我不是。幾乎是一夜之間，我的頭髮就從烏黑變成了花白……那些把我救上船的人是我的老朋友和平日裡共事的夥伴，但是他們對我就像對一個衣衫襤褸的朝聖者一樣陌生。我的頭髮前一天還是烏黑的，而現在，正如你所見，已經花白了。」

這個故事是虛構的，但愛倫·坡描述的這種劇變很可能是基於一些他親眼看見或者親耳聽到的事。這種情況雖然極其罕見，但嚴重的身心打擊確實可以導致頭髮突然改變。

外部事件會導致身體發生各種各樣的反應。比如在一部電影中，我們會對幽默、悲傷和緊張的場景做出大笑、流淚和心跳加速的反應。那麼，漁夫身上究竟發生了什麼事？

最有可能的解釋是，漁夫黑色的頭髮裡本來就摻雜著白頭髮，而恐懼引起的紊亂導致黑色頭髮異常脫落。這種黑髮的選擇性脫落使原本隱藏的白髮突顯出來，於是就彷彿一夜之間白了頭，現代的皮膚病專家把這種情況診斷為突發性圓禿。

「一夜白頭」的科學解釋

圓禿並不罕見，大約每一百個人中就有兩人患病。它通常只會引起不相鄰區域的小面積脫髮，但也可以導致所有頭髮和體毛脫落。漁夫可能早在遭遇大漩渦危機和命懸一線之前就有白髮了，而漩渦危機引發的潛在性圓禿使他的黑髮脫落，最終導致他的頭頂「現在，正如你所見，已經花白了」。

漁夫在生命受到威脅時，他的身體發出了緊急動員令。他的身體器官和組織收到信號後便做出回應（如脈搏加快、血壓升高、食慾減少），當這些信號傳達到皮膚，便會指示毛囊快速地使黑髮脫落。促使頭髮脫落的信號（即面臨漩渦時受到的驚嚇）並非產生於毛囊內部，而是來自身體的其他地方。圓禿這種疾病，其問題不在於毛囊，因為毛囊能正常生長和循環。出問題的是身體本身，它把毛囊視為一種不受歡迎的事物、一種需要受到抑制的原生結構。於是身體派出免疫系統——它的細胞和抗體——替它清理門戶。因此，患有圓禿的毛囊會持續生長，但生長只進行到生長期早期便被免疫系統打斷。雖然毛囊一遍又一遍地嘗試生長，但只要疾病仍然存在，就無法形成完整的生長期，也不會形成新的毛髮。

這種瀕臨死亡的經歷又是如何傳達至漁夫的毛囊呢？畢竟，漩渦危機威脅的是他的眼睛、耳朵和身體，而不是他的毛囊。曼徹斯特大學和明斯特大學的拉爾夫・波斯（Ralf Paus）教授一直致力於研究周圍組織對毛囊健康的影響。簡單來說，他的研究揭示了人類身體經歷的事件如何影響毛髮的生長。二〇〇三年，波斯和同事們提出，如果壓力真會影響毛囊，那麼在嚴格控制的條件下應該能夠展示出這一現象。為了檢驗這種假設，他們在接下來的二十四小時裡將成年老鼠每隔十五秒就暴露在短脈衝的聲音環繞（中A，四百赫茲）中一次。雖然還沒有電梯中播放的單調的輕音樂那麼糟，但這也足以做為一種刺激物來減少母鼠懷上的幼崽數量。研究人員發現，壓力還會影響毛囊，打亂毛髮的生長週期：生長期中斷，毛囊進入退化期。但是，這種雜訊是如何到達毛囊的？波斯和同事們認為，壓力可以通過激素或神經等進行傳導。在實驗中，他們阻斷皮膚神經，隨後發現壓力的影響也隨之被阻斷。這樣，他們得出了結論：壓力會反覆影響毛髮的健康，而神經能向毛髮傳遞壓力信號。[1]

與噪音會抑制毛髮生長相反，人們發現創傷——來自外部的直接傷害——可以刺激毛髮生長。如果毛囊或者周圍皮膚受傷（比如被割傷），會在原來的毛囊基礎上重新長出毛髮，但不會形成新的毛囊。[2] 外傷會喚醒處於靜止期的毛囊，使其進入生長期，然後在生長期裡形成與之前損失的毛髮基本一樣的新毛髮。與幼鼠的雜訊應激反應不同的是，創傷應激反應的發生並不依賴周圍神經，而且科學家也不完全確定毛囊為什麼會以這樣的方式應對傷害。但能確定的是，毛髮本身並不參與創傷應激反應，這是因為構成毛幹的細胞已經死亡了。它們不能吸收營養，沒有感覺，也不能生長，並且沒有血管和神經；毛幹細胞本質上已經死了。所以輕輕地剪斷毛髮，比如常規理髮或者剃毛，這都是你和剪刀之間的小祕密，毛囊和身體都不會有任何感覺。但是，如果在理髮過程中，你猛拽頭髮，或者把頭髮連根拔起，毛囊就會察覺到損傷並以完整的生長期和新毛髮來回應。

禿頭是怎麼產生的

但毛囊的周圍不是只有神經。它位於皮膚裡，這裡充滿了激素、化學物質和生長因子，其中有的由血液帶來，有的由本地細胞所產生。血液性激素來自內分泌器官，包括腦垂體（位於大腦底部）、腎上腺（位於腎臟上方）、甲狀腺（附在頸部氣管）和性器官。令人驚訝的是，這些器官產生的激素，都會以各自不同的方式影響毛囊的生長。*3

想搞清楚某種激素的作用，最好的方法就是看看當它缺失時會發生什麼。甲狀腺機能減退症就是其中一例，患病者沒有足夠的甲狀腺激素維持身體正常機能。這種疾病最早可追溯至羅馬時代，在十八世紀被稱為「克汀病」，其症狀包括行動遲緩，智力缺陷，皮膚浮腫變薄，頭髮僵硬。雖然當時的醫生已經把這些症狀歸為一種綜合症，但直到十九世紀初，人們才發現病因出在機能失常的甲狀腺。雖然現在醫生在嬰兒出生時就能診斷出甲狀腺機能減退症，但由於這種病發展緩慢，在成人身上確診並不容易。維多利亞女王的醫生威廉・格爾（William Gull）爵士在他的一篇題為〈生活中的成年女性克汀病患者〉*4的論文裡確認了成人甲狀腺機能減退症的病例。他在論文裡寫道，患者「日益萎靡不振，皮膚變厚並伴有褶皺……頭髮脆弱易折」，呈現淡黃色，並變得像雜草般粗糙。甲狀腺機能減退症常伴有頭皮、腋下及陰部的毛髮脫落。雖然我們還不知道甲狀腺激素對頭髮健康的確切作用，但我們知道如果缺少它，會導致細胞代謝異常，毛囊週期縮短，長出的頭髮也脆弱易損。

雄性激素（男性和女性的血液裡都含有，但男性體內濃度更高）也對大多數人體內的毛囊成熟產生影響，只是不同部位的毛囊回應的方式不同。頭部兩側的毛囊對血液性激素毫無反應，這些地方的毛囊生長和髮幹產生與其無關。與此相反，腋下和陰部的毛囊在激素濃度很低的情況下就會開始產生、生長。所以在青春期早期，隨著血液帶來第一波雄性激素，陰部開始出現粗糙的體毛，然後腋下和腿部也相繼出現。在年輕男性中，隨著雄性激素水準的進一步升高，臉上和胸部的毛髮也開始變粗。雖然雄性激素對女性身體毛髮的生長也極為重要，但因為通常情況下它們的水準仍然較低，所以女性一般沒有很濃密的體毛。醫生在診斷患者健康狀況時會尋找對雄性激素敏感的毛髮。如果成年男性的身體毛髮發育不足，醫生就會考慮他是否患有睪丸功能障礙。如果成年女性的體毛髮育過盛，醫生就會檢查患者的卵巢或腎上腺是否有產生雄性激素的腫瘤。

雄性激素的分子通過與毛囊基底的細胞綁定並啟動資訊的方式作用於青少年的成熟期毛

囊。這個啟動的資訊會強制毛囊做出改變，就像在說：「該轉檯了，你已經不再是小毛孩兒了，播點成年人該看的吧。」雖然毛囊細胞不產生雄性激素，但它們會產生一種分子，這種分子能接收、識別、接受和理解雄性激素的資訊。此外，它們還通過增加或減少自身的活動以保留足夠的資源處理即將到達的雄性激素。毛囊這種對循環中的雄性激素的調節作用證明了不同的毛囊具有不同的激素敏感性。

也許最普遍的毛髮疾病是男性脫髮。這種病通常發生在三四十歲，但在青春期性成熟後也可能發生。這是一種遺傳性疾病，因此在某些家庭中的發病率更高，有的家庭是遺傳自父系，有的則是遺傳自母系。毛髮脫落的現象很常見，事實上，在北美洲的男性中，整整有一半的人口在五十歲時會表現出一定程度的禿頂。

只要男人還存在，脫髮這種現象[*5]就不會消失。有一份距今四千年的埃及草紙卷軸描繪了禿頂的男人，這種類型的脫髮在歷史上一直困擾著男性，即使是那些有權有勢的大人物也不例外。歷史上最好的例子就是威名赫赫的將軍、政治家、羅馬第一位獨裁者——尤利烏斯・凱撒（Julius Caesar）。凱撒一直試圖掩蓋那令他備受困擾的錚亮腦門兒。羅馬史學家蘇埃托尼烏斯（Suetonius）在《羅馬十二帝王傳》（*The Lives of the Twelve Caesar*）中寫道：「他的禿頭對他來說是個很大的缺陷，因為他發現這已經成為批評者口中的笑柄，所以他經常把稀稀疏疏的頭

甚至偉大的尤利烏斯・凱撒也很在意自己的脫髮。記錄稱雕塑家忠實地再現了史學家筆下的凱撒。（照片由阿爾勒博物館古希臘及古羅馬藝術部提供）

髮從王冠裡向前梳出來。」[6]

雖然我們明白「光頭」這個詞是指頭皮上沒有頭髮，然而事實上，這是一種誤用。一顆「光頭」其實有很多毛囊和頭髮，只是它們非常細小，只有通過顯微鏡才可以看得見。禿頭的機制包括毛囊及其毛幹的逐步退化：隨著病情的發展，毛囊及其毛幹在每個週期都越來越小。

但正常的毛囊是如何縮小的呢？雖然關於雄性激素會導致男性脫髮的猜測由來已久，至少可追溯到亞里斯多德（Aristotle）時期，[7] 但科學家長久以來都無法證實。甚至在二十世紀早期，當醫生意識到激素對疾病的作用時，他們發現自己陷入了一個巨大的困境：沒有一種動物能夠提供可靠的人類脫髮模型以供研究，這就需要以人類患者做為研究物件了。理想的病人是一個雄性激素循環非常低的男性（類似於甲狀腺激素研究中患有甲狀腺機能減退症的患者），但這樣的患者並不容易找到。

解決方案是在一九四二年找到的。當時，耶魯大學醫學院解剖學的詹姆斯•漢米爾頓（James

Hamilton）教授對男性脫髮十分感興趣，他找到了一〇四位閹割過的男性。*8 這些人血液中的雄性激素濃度都很低，因為其中有些在青春期之前就被閹割了，有些是在青春期，還有些是在後來的生活裡。那些在青春期之前就被閹割的人不具備成熟的男性特徵，他們只有很少體毛，沒有鬍子，性器官未發育，而最重要的是沒有脫髮。當這些人被注射雄性激素後，他們不僅獲得了成熟的男性身體特徵、更健壯的肌肉和增大的性器官，而且那些有家族脫髮史的人也開始脫髮（這種實驗在今天是無法完成的）。這個研究說明了脫髮需要滿足兩個條件：第一，雄性激素是脫髮發生的必要條件。第二，必須有遺傳基礎——一個禿頂的父親或祖父。為避免產生歧義，漢密爾頓也指出，被

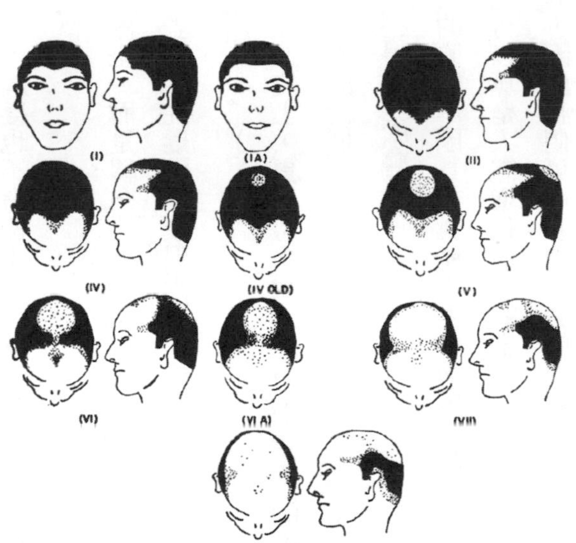

男性脫髮的模式。（圖片取自漢米爾頓的《男性的模式化脫髮》並授權使用）
頭部毛髮示意圖，用來參考分類並劃分脫髮程度。脫髮的類型或模式在正文已經介紹過，圖樣二至十五展示了相應的類型。類型Ⅰ、Ⅱ、Ⅲ中的脫髮還不足以造成禿頂。類型Ⅳ、Ⅴ、Ⅵ、Ⅶ、Ⅷ中展示了禿頂不斷加重的過程。在圖樣一中沒有包含類型Ⅲ，這是因為構成類型Ⅲ的情況過多。

閹割的男性在開始脫髮之後，即使降低雄性激素水準，脫髮也不會停止；也就是說，一旦脫髮發生，降低雄性激素水準，甚至閹割，都無法逆轉脫髮。[*9]

漢米爾頓的研究具有開創性，但他並沒有就此停止，而是轉向研究具體的脫髮模式。事實上，這些模式都很有規律，漢米爾頓在一九五一年表示，從髮際線後退到頭頂脫髮再到完全脫髮（除了兩鬢的頭髮），男性的脫髮模式可以歸結為八類。[*10]

神奇的是，脫髮不是隨處都會發生，它只發生在頭皮上，更具體來說，只發生在頭頂的區域。不是頭部側面，不是腋下，也不是生殖器或者下巴的區域。由此我們知道，毛囊的位置對這種形式的脫髮是否會發生很重要，只是我們還不知道為什麼會這樣。[*11]

我們知道的是，產生健康的頭髮需要一副健康的軀體。因為毛囊產生毛髮需要消耗很多東西，因此這也成了身體健康的標誌。毛囊中的細胞可以算是人體增長最快的細胞，所以其生長必須得到充分的營養。毛髮基本是由蛋白質構成的，因此我們可以看到，發展中國家的兒童因飲食缺乏蛋白質而營養不良，他們的胳膊、腿消瘦，肚子腫脹，而且毛髮往往稀疏、捲曲、褪色、脆弱、生長緩慢。但這種營養不良導致髮幹異常的現象並不局限於發展中國家。在發達國家的皮膚病診所裡，因為節食引起頭髮問題的女性也屢見不鮮。膳食中缺鐵的女性可能會貧血，她不僅會覺得虛弱、疲勞、頭暈，而且還會脫髮。幸運的是，這種貧血和脫髮通過補鐵就能治癒，新的頭髮會在改善飲食的幾個月後長出來。

適當的營養對羊來說也很重要。一隻美麗諾母羊每年大約產十二磅[10]的純羊毛。為了產生這些羊毛，一隻羊一天至少消耗 3.5 盎司[11]的純蛋白質，哺乳期的母羊則需要更多。牧草能提供的營養相當貧瘠，因此羊需要吃掉至少九磅的新鮮牧草才能滿足營養需求。於是，放牧常常需要花費一整天。

有了健康的身體做基礎，就會長出濃密的頭髮。對大多數動物來說，大量的毛髮能為它們提供抵禦外界威脅和環境驟變的屏障。現代人類雖然不需要毛髮來保護自己，但還有其他重要作用。

10 一磅約為 0.45 公斤。
11 一盎司約為 28.35 公克。

二·終極溝通大師

第5章——頭髮會說話

頭髮能夠傳遞一系列資訊，也可以引起令人驚訝的情緒反應：在二十世紀早期的中國，現代化的努力迫使男性剪掉他們傳統的長辮子。為了維護這種長期存在並深入人心的髮型，鄉村地區的許多人甚至抗法或者自殺。

選美冠軍竟是個禿子

一直以來，人們都認為頭髮和美貌之間有緊密聯繫，但在一九九七年華盛頓夫人國際選美皇后大賽上，隨著一起意外事件，頭髮與美貌二者缺一所引發的問題浮出了水面。當大賽的勝利者卡莉・比克利（Cari Bickley）走向舞臺中央時，觀眾為她自信的步伐、明亮而有神的眼睛、曼妙的身材而鼓掌。比克利站在領獎臺上，用手拂過她那柔順的紅褐色頭髮。這時她的手向後一拽，好像要把頭髮從頭皮上扯下來一樣，結果她的頭髮就真的掉下來了，一根也不剩。選美皇后居然是個禿子！[*1]「我想表達一個觀點，」比克利在事後說，「真實的自我遠比虛假的外貌重要得多。」[*2]

兩年前，比克利參加了相同的比賽，只是那時她沒有戴假髮，最後失意而歸。比克利的故事突顯出一個不言而喻的事實，那就是美國小姐或夫人式的選美是離不開頭髮的，由一頭秀髮傳遞出的社交資訊與那些由一個光頭傳遞出的資訊效果截然不同。

卡莉・比克利患有圓禿，[*3]這種脫髮症不分種族和年齡，大約每一百個美國人中就有兩人深受其害。這種病最常見的症狀表現為在頭皮、眉毛、睫毛、手臂和腿以及其他本應有毛髮的地方出現斑塊狀的毛髮脫落。病情較輕的情況下，注射類固醇就可以讓毛髮重新生長，有時甚至不需要治療頭髮也能再生。但不管怎樣，症狀輕微時，患者脫髮的面積很小，一般能夠通過化妝來遮蓋。

但在圓禿較嚴重的情況下，病人脫髮的速度會很快。患者一覺醒來發現枕頭上有大量落髮是很常見的。醫生發現，大面積脫髮的人和那些失去了手或腿等重要身體部位的人有著相同的反應。他們在情感上都經歷著痛苦，正如伊莉莎白・庫伯勒—羅斯（Elisabeth Kübler-Ross）的著名理論那樣：否認、憤怒、討價還價、沮喪，最後接受[12]。

每個人都以自己獨特的方式來調整自身狀態。有些人坦然地接受自己脫髮的事實，不管結果如何，都願意去面對。例如，紐約州共和黨前任主席兼州長尼爾森・洛克斐勒（Nelson Rockefeller）的顧問理查・M・羅森布朗（Richard M. Rosenblum），雖然頭髮已經完全脫落，但他的政治生涯非常成功。另一個例子是安潔拉・克里斯提諾（Angela Christiano）博士，她是哥倫比亞大學基因與皮膚病發展學的教授，不僅接受了自己的脫髮現狀，而且決定帶領她的分子遺傳學實驗室來研究圓禿的病因和治療方法。而另一些人則覺得頭上沒東西遮蓋就沒臉見人，所以他們要麼自我封閉，要麼戴上假髮。二十世紀的石油大亨約翰・D・洛克斐勒（John D. Rockefeller）就是這種人，他在五十歲時失去了所有毛髮：頭髮、眉毛、睫毛以及其他體毛。[*4]此後，他用一個相當蹩腳的假髮來掩飾自己的光頭，如此一來，他的頭髮是顯得多了，但兩鬢、

12 伊莉莎白・庫伯勒—羅斯是美國著名作家，也是探討死亡與臨終經驗的權威。否認、憤怒、討價還價、沮喪最後接受是其創立的死亡心理發展理論的五個階段。

眉弓和眼瞼還是光禿禿的。對大多數人來說，只要積極面對生活，並與有相似遭遇的人分享經驗，隨著時間的推移，都能漸漸接受這種情況。*5

選美皇后比克利揭開自己沒有頭髮這個祕密的驚人舉動，把頭髮在人類生活中的重要性推到了輿論的風口浪尖：頭髮傳遞資訊的能力不僅能把資訊從一個個體傳遞給另一個個體，也能把資訊從一個個體傳給一個群體。因此，沒有頭髮的人就少了一件在人際交流中很重要的工具，一種非語言並且能遠距離起作用的裝置。我們每天都會通過控制身體的某些部位，比如肢體動作、面部表情、指甲和頭髮，來傳遞出無聲的資訊。毛髮可以從身體上生長的任何部位（例如頭部、臉部、腋窩、腹股）發出資訊，也能較小程度地在胸部、手臂和腿部發出，但最重要的還是頭髮、眉毛、睫毛和鬍鬚。我們通過留長髮、剪短髮、燙卷髮、拉直髮、染顏色甚至完全剃掉等方式精心編織要傳達的資訊。此外，我們還可以在頭上放置飾品來裝飾頭髮，如假髮、帽子、髮夾、頭花、頭釵和髮卡，這個話題我們在後面的章節還會繼續談論。

對動物行為學家來說，準確解讀特定髮型（或者羽毛的排列）傳達的資訊一直以來都很困難並且總有不確定性。由於鳥類時常會利用羽毛來求偶交配，因此假設羽毛的資訊會影響交配的成敗就合情合理了。但無論是對人還是對動物，以棲息地、保護色和跨種族交流為依據來確定這些資訊的科學研究很少，所以這些資訊的意義大多還只是一種假設，必須從行為結果中進行分析推斷。費城自然科學學院的佛蘭克・B・吉爾（Frank B. Gill）在他一九九五年出版的《鳥類學》（*Ornithology*）一書中寫道：「破譯由羽毛排列傳遞的資訊仍然是鳥類行為研究中最大的挑戰之一，研究者只能從資訊發送者和接收者前後行為的相互聯繫中猜測某種排列代表的意思。」

考慮到鳥類會在求偶交配過程中使用羽毛，可以合理假設哺乳動物也會使用毛髮進行溝通。家貓的毛皮倒豎就是一個完美的例子：這是一種明顯的攻擊信號，是對入侵者的恐嚇姿態。在一項對非洲獅的研究中，明尼蘇達大學的佩頓・威斯特（Peyton West）和克雷格・派克（Craig Packer）教授觀察到，雄獅成功運用鬃毛髮送求偶和社交資訊。他們報告說，塞倫蓋蒂國家公園[13]的母獅更喜歡飄動的深色鬃毛，而那些天生有著烏黑長鬃毛的雄獅在雄性群落裡享有更高的地位。[*6]

類似的，人類通過頭髮傳遞出的資訊也不總是那麼容易確定，很少有客觀的研究對其特點進行描述。資訊發出者和接收者的文化、歷史和環境背景會使解釋這些具體資訊變得複雜。例

13 Serengeti National Park，位於東非大裂谷以西，阿魯沙西北偏西一三〇公里處，一部分狹長地帶向西伸入維多利亞湖達八公里，北部延伸到肯亞邊境，在一九四〇年後成為保護區。

如，一個人如何衡量（更別說確定）金髮碧眼的女人是否更招人喜歡呢？在一個欣賞有色美的社會中，她們還會招人喜歡嗎？或者再說說睫毛：我們的社會欣賞修長而彎曲的睫毛，但如果睫毛太長，那還會性感嗎？還有鬍子：迷人和邋遢的區分點又在哪裡？還有髮色：灰色的頭髮什麼時候代表經驗和智慧，什麼時候又意味著高齡和無足輕重？對這些非語言資訊的解讀至關重要，因為資訊會指引行動。

儘管解讀存在著不確定性，但不同地區、文化和時代的人們對相似的髮型經常會有相同的反應，這點讓人覺得很不可思議。如果我們用動物行為來類比，那麼假設人類會通過頭髮發送資訊也潛藏在我們的基因裡就合理了。這些資訊是充滿感情的，*7 並且正如人類學家、歷史學家、心理學家、美容師所提出的，它們可以分為幾類：自我認知、人性、生育健康與宗教。

「金髮女郎」、「大波浪」、「光頭仔」、「長髮男」、「紅髮女」和「老頑固」都是因頭髮而起的綽號[14]。據歷史記載，西元九八五年在格陵蘭島建立第一塊斯堪地那維亞人定居點的紅髮艾瑞克，是一個成功的航海領袖和民族叛徒，他擁有一頭亮麗的紅髮。十世紀的挪威國王哈拉爾・哈夫丹森（Harald Halfdansson）曾發誓在征服整個挪威之前絕不修剪頭髮，後來他

14 分別對應的單詞是 Blondie、Curly、Baldy、Skinhead、Hairy、Carrottop、Rusty，都和頭髮相關。

的追隨者送給他一個綽號「亂髮哈拉爾」。沒過多久，他統一挪威兌現了誓言，並在成為國王的過程中獲得了一個新綽號：金髮王哈拉爾一世。而與之相反，八四三至八七七年在位的西法蘭克王國國王兼神聖羅馬帝國皇帝「禿頭查理」（Charles the Bald）背後的故事則沒有很明確的記載。一些學者認為這個綽號指的是他缺乏領土而非他的禿腦瓜，而另一些學者則認為是對他外貌的描述。無論哪種情況，都說明了幾個世紀以來人們習慣用頭髮做為關鍵字來對人進行分類並告訴後人一些關於他們君主的資訊。

偉大的作家、詩人和說書人都用頭髮來區分人物並賦予其獨特個性。托爾金（Tolkien）[15]在他的《魔戒首部曲：魔戒現身》（*The Fellowship of theRing*）中一定程度上用毛髮樣式來區分哈比人和矮人。例如，哈比人被描繪成有一雙毛茸茸的腳但臉很乾淨。夏爾・佩羅（Charles-Perrault）[16]在哥德式傳奇故事《藍鬍子》（*Blue beard*）中描述了一位神秘的公爵，他以藍黑色的鬍子和失蹤的妻子而聞名。這位公爵生活在幽冷、昏暗、潮濕又荒涼的城堡裡，他警告歷

---

15 John Ronald Reuel Tolkien，約翰・羅奈爾得・瑞爾・托爾金，筆名 J.R.R. 托爾金，英國作家、詩人、語言學家，以創作經典嚴肅奇幻作品《哈比人》（*The Hobbit*）、《魔戒》（*The Lord of the Rings*）與《精靈寶鑽》（*The Silmarillion*）而聞名於世。

16 法國詩人、文學家，是一種全新文學派別——童話的奠基者。以童話集《鵝媽媽的故事》（*Les contes de la Mere L'oye*）聞名於世，其中有〈灰姑娘〉（Cinderella）、〈小紅帽〉（Little red riding hood）等膾炙人口的佳作。

任妻子（一共六位），城堡裡有一扇鎖著的門絕對不能打開，但還是把門的鑰匙交給了她們。當他發現妻子違背他的命令進入這個房間後，便殺害了她們。他那濃密的黑鬍子就象徵著罪惡並警示我們要遠離。相比之下，在一個完全不同的環境和故事裡，聖誕老人那濃密、雪白、祖父般慈祥的鬍子卻吸引我們依偎在他身旁。

時至今日，我們在評論名人的時候依然會不可避免地連帶上他們的頭髮。事實上，一位名叫克莉絲汀娜・克里斯托弗洛（Christina Christoforou）的繪畫藝術家向人們展示了一種鋼筆速寫，這種速寫只展示人們頭上的髮型而沒有面部細節和衣著。儘管只有頭髮剪影，但仍能很輕鬆地辨認出有明顯特徵的人，例如亞伯拉罕・林肯（Abraham Lincoln）[17]、隆納・雷根（Ronald Reagan）[18]和瑪格麗特・柴契爾（Margaret Thatcher）[19]。對克里斯托弗洛來說，「瑣碎如髮型這樣的特徵也可以成為那個人的身分特徵，以至於我們能認出他來……吉米・罕醉克斯（Jimi

17 美國政治家、思想家，第十六任美國總統。
18 美國傑出的右翼政治家，第四十任美國總統。
19 英國右翼政治家，第四十九任英國首相。

頭髮反映性格。單憑頭髮的輪廓就足以認出這分別是瑪格麗特・柴契爾和隆納・雷根。（取自《頭髮連連猜》（Whose Hair），由克莉絲汀娜・克里斯托弗洛授權使用）

Hendrix）[20]的髮型代表著『自由』，而奧黛麗・赫本（Audrey Hepburn）[21]的則代表著『優雅』」。[*8]

在日常生活裡，如果親朋好友改變頭髮或鬍子的造型導致我們認錯甚至認不出他們，這會是一件令人頭疼且十分尷尬的事。比如父親刮掉長長的鬍子之後，兒子卻認不出他來了。

20 美國吉他手、歌手、作曲人，被公認為搖滾音樂史上最偉大的電吉他演奏者。

21 英國著名的電影和舞臺劇女演員。

所謂流行髮型，就是不停地輪迴

儘管我們更願意相信我們現在的頭髮造型新奇獨特，但事實上，這些髮型已經被用過無數次了，最早幾乎可以追溯到古埃及時代。雖然不同風格間變換的時間間隔從幾年到幾百年不等，但事實是它們的變化如同一組完整的月相般顯示出可預見性。[*9]

只要看看過去二百年美國的流行趨勢，髮型的週期性就顯露無疑了。以鬍鬚為例，在十九世紀初，蓄著濃密鬍鬚在社交禮儀上被認為是無法接受的，甚至在某些場合會被認為有傷風化。在那個時代，男人留鬍子要冒很大的風險。留鬍子的人中比較著名的是一八一二年美國第二次獨立戰爭[22]的退伍軍人和廢奴支持者約瑟・帕爾默（Joseph Palmer）。[*10]由於違背傳統堅持留濃密的灰鬍子，他不僅受到嘲諷，還遭到身體上的虐待。一八三〇年，帕爾默在紐約的菲奇堡遭到一夥人的襲擊，這些人聲稱要剃掉他的鬍子。當帕爾默拿出刀自衛時，他遭到逮捕並因為保護自己的鬍子而被送進監獄。帕爾默是個有使命感、頑強不屈、性格剛烈的人，他從來沒有因外力壓迫而剃掉自己的鬍子。然而，在他走到生命盡頭之前，他得到了一定程度的正名，

---

22 又稱一八一二年戰爭，是一八一二至一八一五年發生在美國與英國之間的戰爭，也是美國獨立後的第一次對外戰爭。

因為到十九世紀中期，面部蓄毛髮再次流行起來，多數男人都留起了各式濃密的鬍子。

事實上，除了安德魯・詹森（Andrew Johnson）[23]之外，所有十九世紀晚期的美國總統都不同程度地留著明顯的鬍子，而把頭髮修剪得很短。促使林肯留起鬍子的是來自紐約韋斯特菲爾德一位名叫葛莉絲・貝德爾（Grace Bedell）的十一歲女孩。她給這位總統候選人寫了一封信，信中寫道：「如果你留起鬍子來，我就說服他們所有人（我的兄弟們）都投你的票。另外，你的臉太瘦了，有點鬍子會好看很多。」林肯在一八六〇年十月十九日給她回信說：「鑒於我從來沒留過鬍子，你會不會覺得我現在開始留有點愚蠢？」[*11]一八六一年二月，在蓄了三個月的鬍子後，總統親自接見了貝德爾並肯定了她的建議。隨著二十世紀的到來，人們最終決定把臉頰刮乾淨，只留下嘴唇上邊的鬍子。而到了二十世紀六〇年代，大鬍子又大行其道。但到八〇年代又再次過時，而現在只在「趕時髦的新人類」中才流行。

男人的髮型也可以用同樣的方式來看待。在美國獨立戰爭期間，民兵的頭髮想留多長就留多長，這通常意味著披頭散髮。一七八〇年，喬治・華盛頓（George Washington）覺得軍隊需要一個更幹練、更嚴謹的形象，於是命令手下的人「剃掉鬍子，梳理頭髮，再擦些粉」。[*12]到

23 美國第十七任總統，在林肯遇刺身亡後，以副總統身分繼任總統。

十九世紀早期，年輕人為了和軍隊裡那些梳著粉頭的舊時代的人區分開來，紛紛剪了短髮。而二十多年後，新一代年輕人為了和老一輩人區分開又把頭髮留長，有時甚至燙成卷髮。那些曾剪短髮的人由於被自己的兒子嫌棄而深感憤怒。到十九世紀末，短頭髮再次流行起來，並被完全接受。二十世紀四〇年代中期，這種趨勢有了進一步的發展。當美國士兵從第二次世界大戰戰場返回時，他們帶回了小平頂或板寸頭。有些人甚至模仿演員尤・伯連納（Yul Brynner）在一九五一年的電影《國王與我》（The King and I）中的造型，剃起了光頭。然而在二十世紀六〇年代末，留長髮的趨勢又在貓王艾維斯・普里斯萊（Elvis Presley）、披頭四樂團和鄉村文化的影響下復興了。九〇年代早期，我們一次性目睹了各種各樣的髮型：長頭髮、短頭髮、連鬢鬍、小鬍鬚和大鬍子，多數情況下，只要打理整齊都會被平等地接受。在那之後，尤・伯連納那種時尚的光頭又回歸了，並被諸如布魯斯・威利（Bruce Willis）、詹姆斯・陶德・史密斯（James Todd Smith）、嘻哈鬥牛㹴（Pitbull）、「巨石」強森（Dwayne "The Rock" Johnson）和馮・迪索（Vin Diesel）這樣的名人演繹得淋漓盡致。現在，剃光頭的男人為自己的光頭形象所散發的魅力和性感感到無比自豪。[*13]

女性頭髮的潮流趨勢也具有反覆性。在十八世紀的美洲殖民地，女性的髮型模仿了歐洲婦女，頭髮擦著脂粉，後面紮得很短，前面則卷成髮捲。雖然多數的年輕女性留著長髮，要麼梳

女性短髮和吉普賽女郎（右）。（由查理・達納・吉普森和馬克・塞巴繪製，使用已獲授權）

成辮子要麼披肩，但到十九世紀九〇年代，一種更隨意的髮型隨著美國插畫家查理斯・達納・吉普森（Charles Dana Gibson）創作的第一美女『吉普賽女郎』（Gibson Girl）一同問世。她把頭髮向上梳成一個柔軟、蓬鬆的髮捲，兩側的頭髮也向上卷起，在頭頂用馬鬃墊起一個髮枕。因為她那雲朵一般的髮型，社會將她視為獨立、自信、意志堅強和值得尊敬的女性。大約在同時，馬塞爾的卷髮器讓女性可以給她們的鮑伯頭增添一些漂亮的波浪。第一次世界大戰之後，隨著女性承擔起更多家務以外的工作，她們開始傾向於留短髮；到二十世紀二〇年代末，上百萬的女性不論年齡，都留著短髮。到了四〇年代，受名人效應的影響，如維若妮卡・蕾克

（Veronica Lake）[24]那充滿誘惑的垂髮和瑪米・艾森豪（Mamie Eisenhower）[25]的標誌性瀏海，長髮又復興了。到了五〇年代，流行的髮型從奧黛麗・赫本的短髮轉變為賈桂琳・甘迺迪（Jacqueline Kennedy）[26]蓬鬆的髮式以及遍布大街小巷的年輕人的馬尾辮。然而短髮在六〇年代再次出現，到七〇年代，法拉・佛西（Farrah Fawcett）[27]式的長髮又流行起來。*14

從歷史來看，這些髮型都隨著時間的推移不斷交替，經過一個短暫的流行期，然後快速消亡，並在一段時間後出現一個集各種優點於一身的「新東西」。一種特定的髮型往往可以代表一代人，但代表不了這一代人之前或之後的人，因為他們大多是反對這種髮型的。毫不奇怪，各代人之間常常在音樂和髮型方面發生對立。在過去，宗教領袖們常常對髮型發出聲討並給髮型支持者貼上不道德的標籤，說他們會破壞靈魂的救贖。以十八世紀晚期為例，新英格蘭牧師就表達過對年輕女孩高盤頭髮型的不滿。馬納・卡特勒（Manasseh Cutler）是一位曾經在耶魯大學受教的牧師，他聲稱一七八一年的新髮型讓他想起了「可怕的魔鬼」。*15 由此，長髮高高

24 出生於紐約布魯克林，美國電影演員，二十世紀四〇年代以金色長髮引領一代時尚。
25 美國第三十四任總統德懷特・D・艾森豪的夫人。
26 一九二九年七月二十八日在紐約出生，美國第三十五任總統約翰・甘迺迪的夫人。
27 美國好萊塢影星。一九四七年二月二日出生於美國德克薩斯州，二十世紀七〇年代因主演電視連續劇《霹靂嬌娃》而聲名大噪。她在劇中以一頭亮麗的金髮示人，成為風靡一時的偶像。

盤起的人被認為會受到上帝的詛咒。然而，一百三十年後，短髮又被認為標誌著道德的淪喪：那時，女性大多剪短髮，而牧師則警告說，短髮太過魅惑。雖然沒有直接表明，但也暗示著短髮代表非常消極的道德傾向。

文明與野蠻的界線

在傳說、藝術和歷史中，人們一次又一次地用頭髮來區分人類和動物、文明的公民和未開化的野人、本地人和外來者、朋友和敵人。在巴比倫的鳩格米西（Gilgamesh）[28]傳說中，女神阿魯魯（Aruru）「沾濕了手，取了一些黏土置於曠野，揉捏並按自己的意願來塑造出一個男人，同時也是戰士、英雄，他就是恩奇杜（Enkidu），如戰神尼努爾塔（Ninurta）一樣強大而勇猛。他的身上毛髮濃密，頭髮尤其厚重，像女人一樣垂到腰間」。在傳說中，這位新創造的英雄與周圍的動物一樣兇猛而狂野。附近的牧羊人感到自身安全受到恩奇杜的威脅，便向國王鳩格米西求助。鳩格米西讓他們去尋求「一個叫莎姆哈特（Shamhat）的女人的幫助，她是女神伊絲塔

28 敘事詩《鳩格米西史詩》（The Epic of Gilgamesh）中蘇美爾王朝烏魯克城邦的統治者。

（Ishtar）的女祭司，願為任何男人獻出自己的身體。莎姆哈特展現自己的風情，用親吻征服了恩奇杜，並毫無保留地向他展示了女人為何物。之後的七天裡，恩奇杜和莎姆哈特沉浸在淫逸之中」。[*16] 經過這麼費力的攻關，你猜我們的英雄做了什麼？他「剪掉了自己的頭髮」！通過「馴服」他的頭髮，恩奇杜完成了從一個可怕、笨拙和捉摸不透的野蠻人到一個負責任的人的轉變。通過這個轉變，恩奇杜表示自己現在已經開化了，並且還成了鳩格米西的親密朋友。

《聖經》把沒有毛髮的人視為天選之人，擁有很高的社會地位。在《舊約》中，常常待在帳篷裡、沒有毛髮的「普通人」雅各（Jacob），偷走了哥哥以掃（Esau）應得的權利和祝福[29]，後者是「一個出色的獵人，一個奔波在外的男人……一個毛髮濃密的男人」。在這個故事裡，毛髮成了區分上帝的寵兒雅各與棄兒以掃的關鍵。沒有毛髮的雅各不僅沒有因散布謠言而受到懲罰，而且還生下了以色列十二支派的創始人。[30]

對古典時代的羅馬人而言，蠻族人是那些頭髮蓬亂的異域野人的一種，與羅馬人的文化、語言、服飾都格格不入。這些包括日爾曼人和凱爾特人在內的蠻族，頭部和面部往往有長而蓬

29 即長子繼承權，在《創世記》裡，以掃因為「一碗紅豆湯」而隨意地將長子名份「賣」給雅各。

30 原文如此。

亂的鬍髮，[17]與居住在地中海沿岸那些儀態整潔的城市居民形成鮮明對比。

從十七世紀的清朝早期到二十一世紀，中國哲學家認為人性（能把智人和動物區分開的文化要素，如歷史、藝術、法律和不會互相殘殺等）與人體的毛髮數量呈負相關。他們認為，既然濃密的體毛是動物的一個特徵，那麼動物身上的毛髮數量就決定了它在動物世界中的地位。由於當時的中國人體毛稀疏，鬍子很少，沒有胸毛，只有少量的陰毛，因此他們認為毛髮濃密的人是不開化的——如果還可以被稱為「人」的話。所以當十六七世紀，體毛濃密又鬍子雜亂的歐洲人抵達中國時，中國人感到困惑不解，也不願意平等地接待他們。

正如頭髮已經被用來表達、宣揚或傳播人性和文明，它也被用來抹殺人性。例如，長久以來，當權者在執行死刑前剃掉罪犯頭髮已成為一種慣例。在一四三一年五月，聖女貞德被燒死前，劊子手就剃光了她的頭髮。在上層社會也是如此：一五三六年，亨利八世的第二任妻子安妮・博林（Anne Boleyn）在被砍頭前就被剃光頭髮，還有法國國王路易十六的妻子瑪麗・安東尼（Marie Antoinette），她在一七九三年被送上斷頭臺之前也受到了同樣的對待。「二戰」期間在希特勒的最終解決方案中，奧斯維辛集中營的猶太人和其他人也被剃光身上的毛髮，同時還被編號、烙印和去除蝨子。在被執行死刑前，他們的頭髮也被剃光了。一九四五年一月，當蘇聯軍隊解放奧斯威辛後，他們發現了七噸從猶太人身上剪下來的毛髮。雖然強迫剃髮這種行為很沒人性，但頭髮也確實有其經濟價值：一家製衣廠曾以每公斤五十芬尼的價格收購頭髮。[18]而與之相對的，「二戰」後的法國則強制剃光那些被指控與納粹勾結的婦女的頭髮並遊街。非洲的奴隸販子在把奴隸運往新世界之前也會剃掉他們的頭髮。[19]即使今天，在執行電擊死刑的地方，為了讓電極與皮膚更好地接觸，罪犯的頭髮也會被剃光。行刑者以效率、清潔等做為剃髮的理由，但這種行為還是會傳達出一種無法否認的資訊，即反人道和獨裁。

頭髮也能傳遞關於身體健康狀況、強壯程度和性能力的資訊。例如，脫髮往往被等同於患有嚴重疾病。一般情況下，這種看法是錯誤的。最常見的脫髮形式——如男性脫髮、女性頭髮稀少、產後脫髮以及圓禿——都不能表明一個人的身體有什麼潛在的隱患。然而，有些傳染病確實會導致頭髮脫落。在患頭癬的情況下，真菌會侵襲小學生的頭皮，導致頭部脫髮，以及出現紅色、鱗狀、潮濕並化膿的斑塊。另一個例子是疥瘡，由寄生在皮膚和頭髮裡的疥癬蟲引起，會導致嚴重的皮膚瘙癢和脫髮。這種疾病感染的結果很容易與圓禿搞混（事實上，「圓禿」源自希臘人對北極狐的描述，因為古人把患有癩疥的狐狸的脫毛狀況與人類的斑塊狀脫髮等同起來，並統稱為「圓禿」）。由於有這麼多的毛囊疾病且症狀各不相同，因此可知人類還沒有完全瞭解脫髮這一疾病，很可能會混淆傳染性和非傳染性脫髮類型。這就是脫髮患者必須面對的窘境。

與脫髮相反，生長旺盛的頭髮會傳遞出身體健康、魅力十足和性能力強的信號。在一首印度聖歌裡，一個年輕的女孩向印度教的神因陀羅（Indra）——天界的統治者、雷雨之神——祈禱，希望父親的頭皮能長出頭髮，自己的陰部能長出陰毛，地裡長滿莊稼。這表明，人們把土地的生產力與人類的生育健康聯繫在一起。[20]

在許多文明中，擁有健康、披散長髮的女性意味著有良好的性能力。例如，在日本社會，女性烏黑的長髮一直以來被等同於強盛的生命力、性能力和生育能力。[21] 在歐洲的民間故事裡，健康的長髮也是擁有良好性能力的象徵。格林兄弟最初寫的童話故事《長髮姑娘》（*Rapunzel*）裡，一位有著飄逸長髮的美麗女孩被囚禁在高塔裡，女孩超乎尋常的長髮讓邪惡的女巫能夠進入高塔，但也吸引來了英俊的王子，並為二人的幽會提供了方便——那傳說中的長髮確確實實為長髮姑娘帶來豔遇並生下了一對雙胞胎。

雖然最重要的毛髮資訊來自頭髮（因為頭髮最常見），但身體的其他毛髮也會發送資訊。整體而言，對男性來說，體毛是一種常見的身體特徵，身上任何地方的體毛都能被接受，無論長短。[22] 但女性的體毛就另當別論了，許多時代的女性都在不停地清除青春期之後長出來的毛髮。現代的女性幾乎都有過拔毛、蜜蠟脫毛和雷射脫毛的經歷，這並不是一個新的現象。

〈維納斯的誕生〉。畫作充分地展現了女性美：頭髮濃密，身上沒有其他體毛。（由佛羅倫斯烏菲茲美術館授權使用）

一四八六年，波提切利（Botticelli）[31]在作品〈維納斯的誕生〉中畫出了他理想中的女性身體——一位性感的成熟女神，除了從頭上垂下來的迷人長髮之外，身上沒有其他的體毛。

除了覆蓋作用外，陰毛還有其他故事。生長在胯部和生殖器周圍的陰毛，根據每個人的身體情況，有的稀疏，有的濃密，有的纖細，有的粗糙，而且通常比其他部位的毛髮顏色更深。陰毛能代表許多資訊，就好像露出陰毛代表著某種行為一樣，所以多數文化禁止裸露陰毛也就不足為奇了。在古埃及、古希臘和現代伊斯蘭社會，人們就把陰毛視為不文明和不潔淨之物，提倡將其全部剃掉。美國的調查

31 全名桑德羅・波提切利，十五世紀紀末佛羅倫斯的著名畫家，歐洲文藝復興早期佛羅倫斯畫派的最後一位畫家。他畫的聖母子像非常出名。受尼德蘭肖像畫的影響，波提切利又是義大利肖像畫的先驅者。

顯示，有現代時尚意識的女性九成都會修剪或去除陰毛。[*23] 但在另一些文化裡，陰毛又是不可或缺的存在——你必須有，但不能把它露出來。[*24] 在韓國，陰毛對於某些女性而言很重要，所以整容外科醫生會把毛髮（通常從頭皮）移植到下陰區域，為的就是讓這個私密地方的毛髮看起來濃密一點。[*25]

關於陰毛的法律監管條例存在一些矛盾。最近，日本的審查法限制婦女在任何藝術形式中展示陰毛。因此，電影導演不得不在敏感的審查機關和藝術表達之間小心行事。可以肯定的是，考慮到日本對女性的描寫，這裡實行的監管條例有種前後不一甚至是虛偽的味道。安妮・愛麗遜（Anne Allison）教授在她的文章〈剪除毛髮：陰毛游離在日本審查法的邊緣〉中稱：「在一個女人的裸照可以出現在新聞雜誌，赤裸的乳房可以出現在公益廣告，強姦和裸體鏡頭可以出現在電視，漫畫裡充斥著性虐畫面和情節的國家裡……陰毛卻是這種充斥著性愛畫面的流行文化裡唯一缺失的東西。」[*26]

至少到二十世紀初期，西方的藝術家還十分謹慎地對待陰毛。在古典雕塑和繪畫作品中，要麼沒有陰毛，要麼就是非寫實的表現手法。直到巴勃羅・畢卡索（Pablo Picasso）[32] 和埃貢・

32 西班牙畫家、雕塑家，是現代藝術的創始人，西方現代派繪畫的主要代表。

席勒（Egon Schiele）[33]這樣的現代藝術家才拿掉那片遮羞布，如實展示出那片區域的真實樣貌。

髮型的政治表達

髮型可以揭示一個人在社會上的地位，也可以預示生命的不同階段。例如在加德滿都[34]，年輕女性為了讓頭髮保持又短又直的狀態，每隔幾個月就會修剪一次。接近適婚年齡，也就是十五六歲的時候，她們會把頭髮留長。婚後，她們的頭髮會長到肩膀處甚至更長。在公眾場合，她們通常會把頭髮盤成一個髮髻。等孩子成年後，她們又會把頭髮剪短。[*27]

華麗的髮型在多數文化裡都象徵著地位、權力和財富。這是因為打造並維持華麗的髮型既耗時又費力，至少需要有一個僕人來專門負責。即使在較原始的文化裡，比如非洲中南部的部落，精心打理頭髮也是非常高的待遇，只有酋長或有錢有勢的權貴才能留這些裝飾著各種珠子和髮帶的複雜髮型。[*28]

---

33 奧地利繪畫鉅子，是二十世紀初期一位重要的表現主義畫家，維也納分離派的重要代表。

34 尼泊爾的首都和最大城市。

剃光頭也有政治上的含義。在古埃及，貴族會把頭髮幾乎全部剃光，只留下一小撮做為王權的象徵。與古埃及略有不同，十四至十六世紀的歐洲大陸及英格蘭的貴婦會剃掉或拔掉自己前額的頭髮，以突出優美的前額：就如偉大的童貞女王伊莉莎白一世（Elizabeth Ⅰ）現存的肖像那樣。這種風格在宮廷貴婦中非常流行，宮廷之外的人們則稱之為「高額頭」。

當涉及軍事領域時，古代的做法和現代非常相似。戰鬥部隊始終留著傳統的短髮。據稱這一規定始於亞歷山大大帝（Alexander the Great），他指揮著軍隊征服了周邊所有已知國家。由於當時的戰鬥多為近身戰和肉搏戰，亞歷山大發現長頭髮或鬍子是一個重大的隱患，因為敵人可能會揪住它們，使得一個個全副武裝的步兵露出破綻並失去抵抗能力。於是，他下令讓所有士兵剪短髮。如今已經沒有這方面的顧慮，但這一慣例還是繼續沿用，軍人修剪得整整齊齊的短髮被視為一種秩序、紀律和規範。

十八世紀時期，用髮型彰顯政治聲望的做法達到了頂峰。歐洲上流社會的成員認為，如果茂盛的頭髮代表著政治上的興旺和權力，那麼頭髮肯定是越多越好。為了達到這個目的，男女都戴著長得可笑的假髮，只為了給人留下深刻印象。而關於假髮我們以後還會提到。

在東方，頭髮的樣式（而非數量）反映了一個人在政治和社會領域的地位。儒家法律顯示，只有當人們安守本分、各司其職時，社會才能正常運轉。在古代的中國和朝鮮，通過頭髮的編織方式可以區分所有社會階層和年齡層次的人。幾個世紀以來，中國清朝迫使百姓留規定的髮型，例如，農民就得留長辮子，垂在腦袋後面。二十世紀早期，當孫中山致力於推翻清政府使中國擺脫封建主義時，他鼓勵人們剪掉舊政權的象徵——長辮子。剪辮子的運動在城市地區被廣泛接受，但在農村，辮子在日常生活和文化傳統中扎根已久，人們強烈抵制任何改變，為了抵制剪辮子甚至抗法和自殺。在這一時期，許多農民似乎對頭髮的重視程度，更確切地說，是對頭髮所代表的社會和政治價值觀的重視程度，遠遠超過他們的生命。

在二十世紀，髮型在政治舞臺上仍然有象徵意義。最明顯的是二十世紀六〇年代末，當時髮型甚至成為美國年輕人爭取政治自由的一種重要表達。為了反抗老一代的人和觀念，從青春期的少年到剛成年的青年——無論男女——全部留著長髮。美國的黑人青年反應尤其強烈，他們因吉姆·克勞法等歧視有色人種的法律而群情激憤。內戰前來到美國的黑人奴隸都想模仿歐洲人的髮型，他們紛紛把頭髮拉直，這樣就有機會獲得更好的工作、食物、衣服、教育和人身自由。另一方面，當時社會推崇回歸自然的精神，因此人們紛紛留起長髮。但更重要的是，留長髮是社會政治解放的體現。許多非裔美國人也選擇讓頭髮自然生長，而非人工拉直，以此向世界展示非洲人種頭髮的自然美。直到今天，美國黑人的髮型仍是一個可以大書特書的熱門話題。

剃度：與神明之間的特殊契約

頭髮還能傳遞宗教資訊。耶路撒冷有許多來自不同文化的人朝聖，人們可以看到擁有不同文化背景的人在一起漫步，他們的髮型和衣著也各具特色：傳統的猶太教派留著大鬍子，兩鬢有長長的卷髮，頭上戴著無簷便帽或毛皮襯裡的黑帽子；東正教的牧師留著長頭髮和鬍鬚；天主教的朝聖者戴著各式頭巾；而亞美尼亞的朝聖者則留著大鬍子，披著斗篷或戴著兜帽。你也有可能會看到穿著長袍的穆斯林婦女、包裹頭巾的錫克教徒以及剃度的佛教僧侶。在這各式傳統髮型背後，毛髮具有重要的宗教象徵意義，反映了信徒與其信奉的神明之間的特殊契約。

在許多文化裡，剪髮被認為是一種神聖行為。其中，第一次剪髮尤其重要。對生活在阿爾巴尼亞山區的人來說，第一次剪頭髮的儀式非常莊重。這些現存的馬其頓人，其生活受到《卡龍法規》的制約[*29]，這部法律規定了人們的行為守則和違法後果。根據法規，人們必須不惜一切代價保護個人聲譽，任何對宗教法規的錯誤解讀——即便是談論剪髮——哪怕極其微小，也可以被看做是一種侮辱。法規規定剪髮的工作必須由特定的男性完成，這名男性被稱為「教父」。當孩子經歷人生中第一次剪髮時，家長必須為教父提供最好的食物以示感激，並在儀式進行過程中提供一把椅子供教父坐，再準備一杯水，讓教父往其中投入一枚銀幣，還要準備一塊接頭髮用的布、一把剪頭髮用的剪刀或剃刀。剪頭髮也有嚴格的程序：「先剪額頭上的頭髮，再剪兩側的頭髮，最後才剪脖子上的細毛。」剪完頭髮後，教父要用剪刀敲三下孩子的額頭，然後說：「健康、長壽。」法規規定，剪完頭髮的當晚，教父必須在孩子家中過夜。第二天，他還要把孩子及其母親帶到自己家裡過上三五天。等這次拜訪結束，儀式才算完成。在這種理髮傳統中，我們看到了一種根深蒂固的文化習俗，剪髮是一種極其莊重的行為，第一次尤其如此。

另一類剪髮儀式是剃度，這種宗教儀式存在於幾種不同的宗教派別裡，包括天主教、東正教和一些佛教僧侶，新教徒會在這個儀式上剃掉一部分頭髮，代表著新加入教派並承諾將自己的一生奉獻給神明。基督教會認可三種削髮形式：羅馬式（只剃光頭頂，保留四周頭髮，象徵荊棘冠）、希臘式（把頭髮剃光）和凱爾特式（以兩耳之間、越過頭頂的一條線為界，剃光前面頭髮）。在羅馬式削髮儀式中，見習修道士穿著黑色長袍，左臂披著白色禮袍，右手托著點燃的蠟燭。誦經過後，主教首先以十字形在修道士頭頂剃掉五處頭髮，然後剃掉「荊棘冠」上方圓形區域的頭髮。巴屈埃牧師（Reverend L.Bacuez）這樣描述自己的削髮過程：「通過讓主教的剪刀剪掉頭髮，準修道士明確表示，他願意放棄一切與世俗有關的聯繫和利益……一種意志上的俯首，把他的能力、精力和生命奉獻於熱愛和服務教會……一個人必須拋開與自我相關的一切才能開始神職人員的生活。」[*30] 雖然這種削髮儀式在中世紀十分流行，但到了今天已經很罕見了。亞洲則至今仍流行一種經過改良的削髮儀式：在佛教文化裡，剃度對僧侶的生活很重要；對印度教徒來說，剃度則是一種人生階段的過渡儀式——從出生到進入學校學習再到壽終正寢。

毛髮在人類交往中具有重要的作用。它在人與人之間傳遞資訊，而資訊會指引人們的行動。但要得到正確的資訊，我們經常需要專家的幫助，他們知道如何準確地表達和分析我們的想法。

這時候，顧客就該求助於理髮師了。

第6章——理髮師小史

直到十八世紀，理髮師還有另外一個身分——外科醫生。當時的人認為，毛髮和身體是不可分割的。

一二一五年舉行的第十屆拉特蘭會議上，羅馬天主教的領袖們認為，僧侶和任何神職人員都不應該從事外科手術。因此他們裁定「任何從事外科手術的牧師不得擔任教會的高級職位」。[*1] 這個決定推翻了已經實行四百年的敕令，該敕令由神聖羅馬皇帝查理曼大帝頒布執行，規定所有修道院和教堂的下設醫療機構只能聘用牧師。這四百年以來，僧侶們從事著放血、放膿、灌腸、拔牙以及用水蛭治病等醫療工作，還要替人修剪鬚髮。現在，僧侶們將這些外科手術和修剪鬚髮等服務都轉移給地方上那些幫人們刮鬍子的理髮師，後者已經掌握使用手術刀和剪刀的技巧。[*2]這一新規的意義重大，因為它把拯救靈魂與醫治身體區分開來了。

理髮師是外科醫生的祖師爺？

幾乎從文明誕生開始，人生病了就會去尋求醫生的幫助。雖然這些醫生在不同的社會裡有不同的形象和名稱，但他們通常都是通過召喚和控制主管生命與疾病的神明來為病人治療的。醫生的總體指導思想是「健康與否取決於正邪神明較量的結果」。所以他們要採用各種手段來驅逐惡靈，例如念咒、放血、鑽顱（在頭骨上打洞）和剃除毛髮等。在這些方法裡，修剪毛髮與放血同樣重要。在現代人眼裡，修剪毛髮和治療疾病是兩種不同的工作；但在古代人眼裡，這都屬於一類工作——都是醫治人的身體。根據這種看法，修剪毛髮和治療身體——分別是理髮師和外科醫生的工作，在某種程度上，兩者的意義是一樣的。

在拉特蘭會議做出裁決後，形成了一個新的職業——理髮師兼外科醫生，並且風靡中世紀的歐洲。為了表彰理髮師兼外科醫生對社會的重要貢獻，英國國王愛德華四世（King Edward

IV）在一四六二年成立了第一個理髮師公會，並將其做為其他行業的典範，授予公會成員在倫敦擁有理髮和外科手術的壟斷權。[*3]然而，在國王認可的公會之外還有一群外科醫生，他們無視所謂的壟斷權，憑藉其解剖學知識實施更激進的手術。雖然這個組織規模很小，在一五一四年的倫敦僅有十一名從業者，卻給自己起了個很誇張的名字：外科醫生聯合會（Fellowship of Surgeons）。當這個聯合會的一位成員——湯瑪斯・維卡里（Thomas Vicary），一位訓練有素的外科醫生兼人體解剖學書籍的作者——治癒了國王亨利八世（King Henry Ⅷ）的「腿疼病」後，國王在一五四〇年把外科醫生聯合會與理髮師公會合併到一起。[*4]這一欠缺考慮的合併雖然規定理髮師與外科醫生應各司其職，但在實際操作中雙方常常無視這一規定。[*5]

儘管兩者因為爭奪生意糾紛不斷，但理髮師和外科醫生的聯合會依然存在了二百年。然而，隨著時間的推移，這兩個利益群體的矛盾終於達到無法調和的程度，分裂在所難免。這種分裂是基於越來越多人認識到，頭髮和身體是可以分離的，並且應該區別對待；就如同接受學校教育和從事實際工作需要各自的規範一樣。理髮師兼外科醫生的培訓主要從擔任學徒做起，他們的大部分時間都在刮鬍子、理髮和實施小手術，如放血和放膿。學徒們在進行手術訓練時對其開刀的身體認識得不那麼精細。相比之下，專門的外科醫生培訓則包括進入大學學習和深入研究人體解剖學等，他們處理的外科手術（如槍傷、撕裂傷、潰瘍、腫瘤、軀幹或顱骨骨折以及燒傷）也複雜得多。[*6] 此外，由於他們的背景、知識和豐富技能，外科醫生漸漸贏得了理髮師所沒有的尊敬。不僅身患重病的普通人需要他們的幫助，就連皇家海軍也在船上配備訓練有素的外科醫生。這些不可調和的矛盾導致了理髮師兼外科醫生與純粹的外科醫生在一七四五年分道揚鑣：外科醫生創辦了外科聯合會（一八〇〇年更名為「皇家外科醫學院」），而理髮師則成立了理髮師聯合會。這兩個組織至今仍然很活躍。如今，理髮師兼外科醫生唯一殘留的痕跡可能就是理髮店外的旋轉柱了，它代表著曾經很常見的放血術。為了排出那些被認為是「有害的血液」，理髮師兼外科醫生會切開病人手臂上的血管，把血液收集到盆子裡，然後用白色繃帶包紮病人的手臂。在這個過程中，病人咬緊牙關，手裡緊抓著一根杆子。在平時，理髮師兼外科醫生會把乾淨的白色繃帶纏在杆子上，然後把杆子放在店前做為提供服務的標誌。後來，他們不再擺放真的杆子和繃帶，而是用仿照實物造型噴上油漆的柱子來代替：柱子有時會塗成紅色和白色（代表動脈和繃帶），有時會塗成紅色、白色和藍色（象徵靜脈）。[*7] 在最初，門口擺放這種柱子代表這家店得到了政府的認證。[*8] 直到今天，旋轉柱在世界各地都被當作理髮店的象徵，甚至還出現在某些地方的法律檔中；例如，二〇一一年美國賓夕法尼亞州的理髮師執照法就要求「每個理髮店應提供……一根旋轉柱，或一個表明能提供理髮服務的標誌」。[*9]

黑人理髮店背後的自由抗爭

一直到二十世紀初，非裔美國人開的理髮店仍是一種獨特的美國機構，只為富有的美國白人提供服務。對獲得自由的奴隸來說，理髮店為他們提供了生存可能，他們可以在這裡學習新生活，利用資本主義經濟賺取收益以及享受自由。[*10] 在十七和十八世紀，雖然種植園主迫使大部分從非洲運來的黑人從事種植園工作，但也有一小部分被安排到家中從事家務勞動，有些還成為某些人的私僕。這些「僕人」負責保持主人外表的整潔、漂亮，為主人擦靴子、刮鬍子和剪頭髮。表現優秀的奴隸還能得到更好的食物、衣服、住宅和教育。如果主人有很多「僕人」，他就會把閒置的出租給其他人。許多案例表明，主人們還會在附近的大城市（如里士滿、納許維爾、夏洛特、巴爾的摩和薩凡納等）開辦理髮店，讓奴隸經營打理。這些理髮店通常會提供優質的個人享受、服飾造型、清潔護理等服務，還會提供一些附加福利，例如擦鞋、供應雪茄和洗浴等。理髮店的收入由奴隸主和奴隸理髮師共用。許多技藝熟練、雄心勃勃、富有創業精神的奴隸理髮師漸漸變得富有起來，他們掙下的錢不僅能買下理髮店，甚至還能換取自己和家人的人身自由。[*11] 成功的黑人理髮師還能購置房產、捐助教會，並送他們的孩子去接受教育。有些人甚至購置了大量土地，並雇用奴隸來幫他們幹活。然而，這並不意味著他們完全擺脫了以前的生活。因為光顧這些理髮店的客人都是白人（而且是擁有奴隸的白人），所以黑人理髮師（儘管從法律上說已經獲得自由）仍然被迫在店裡表現得畢恭畢敬。另外，大部分成功的理髮店都會謝絕非裔美國客人，因為白人顧客不想在黑人也光顧的店裡接受服務。

只要白人仍用奴隸理髮，黑人理髮師就一直主導著這項生意，即便是在北方。在一八六〇至一八八〇年，查爾斯頓的理髮師有百分之九十六是非裔美國人，費城有百分之三十，克利夫蘭和底特律有百分之五十，而科羅拉多有百分之六十六。[*12] 直到二十世紀初期，黑人理髮店的主導地位才開始衰落，這是一系列綜合因素的結果：富有競爭力的歐洲移民理髮師越來越多、黑人自豪感的復甦、宏觀經濟的壓力、種植園業的衰落、白人貴族的沒落以及嚴酷得令人窒息的吉姆·克勞法。

在十九世紀後期，非裔美國人開的理髮店開始為非裔美國顧客提供服務，而且還成了黑人聚集討論政治問題、傾吐

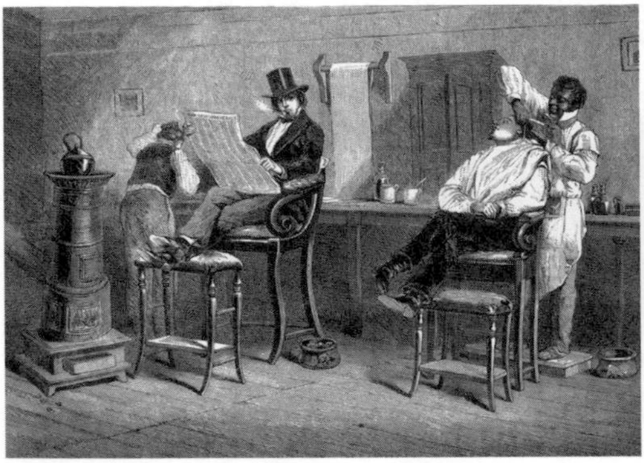

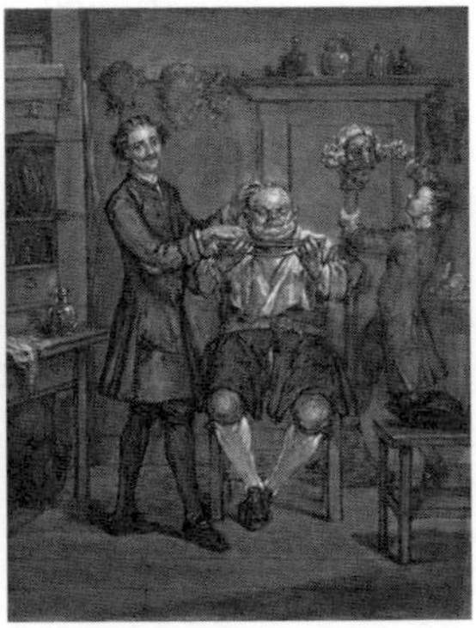

右圖：〈理髮師〉，小馬塞勒斯·拉羅恩的作品，反映了 18 世紀一家理髮店的情形。（由耶魯英國藝術中心授權使用）
左圖：十九世紀的美國理髮店。一八一六至一八七七年在亞歷山大市由非裔美國黑人經營。正如圖片所描繪的，理髮師是黑人，而顧客是白人。（圖片由艾爾·克勞繪製，使用已獲授權）

心事和放鬆的地方。在等待理髮的過程中，他們經常唱靈歌[35]、美國民歌和流行歌曲。隨著時間的推移，唱歌成了一種固定的傳統：他們的無伴奏合唱具有豐富多彩的四部和聲；在獨唱時，他們往往穿著得體的條紋上衣和褲子。他們稱自己為「理髮店四重唱」，並讓〈滿月照人間〉（ShineOn,Harvest Moon）、〈親愛的艾德琳〉（Sweet Adeline）和〈我們是可憐的迷途小羊羔〉（We Are Poor Little Lambs That Have Gone Astray）等歌曲流行起來。這種做法在二十世紀初傳播開來，以至於「理髮店四重唱」成為許多美國社區的一部分，無論是黑人社區還是白人社區。如今，全世界的人都可以在遠離理髮店的音樂廳裡表演和欣賞這種音樂。[*13]

髮型師是如何煉成的

班・富蘭克林（Ben Franklin）說過，「如果你教會一個窮人給自己理髮，再給他招來源源不斷的客人，那你帶給他的幸福遠比給他一千塊錢還要多」[*14]。人們不能去和名言較真，但熟練使用折疊式剃刀可不是那個時代以前的男性所能掌握的。早在西元前三千年的古埃及，法老

35 北美黑人的宗教禮拜歌曲，內容大多反映黑人遭受殘酷奴役、痛苦無告，只好把希望寄託在宗教上的悲慘處境。

宮廷裡的男男女女就用銅或青銅製造的折疊式金屬剃刀修剪頭髮、鬍子和體毛。此後，剃刀的發展陷於停頓，直到十七世紀在法國國王路易十三統治時期才迎來快速發展——當地的鐵匠發明了一種新的折疊式鋼製剃刀。此後，這種剃刀不斷改良並在普通家庭和理髮店裡流行起來。二十世紀初，美國一位聰明的推銷員金・吉列（King Gillette）研製出一種安全的剃鬚刀。因為使用簡單、安全，還可以替換刀片，這種剃鬚刀變得非常受歡迎。總體來說，它在兩方面改變了傳統的理髮體驗。一方面，剃刀的使用方法很簡單，任何人都可以在家裡自行操作，男人可以用它來刮鬍子，女人可以用來刮腿毛和腋毛。另一方面，人們現在可以在家裡自行處理鬍鬚，那些講究的男人也就不再需要每週或每天定期光顧理髮店，因此理髮師就失去了很多客戶。不過，今天的理髮行業中仍然還留有傳統的剃鬚方式。通過使用梳子、剪刀、電推剪，現代理髮師常常能在短短幾分鐘內就能把鬍鬚打理得整整齊齊。傳統意義上的剃鬚程式已經不復存在，但理髮的體驗並沒有隨之消失。在傳統剃鬚過程中，理髮師先把溫熱的肥皂水敷在客戶的頸部，然後打開折疊剃刀，在旁邊的牛皮帶上打磨幾下，再從上到下在客戶的脖子上慢慢地刮。刮完後，理髮師會用一條溫熱的毛巾將剩下的肥皂水擦掉，再用鬚後水輕拍刮過的臉部和脖頸。最後對客人眨下眼睛，這樣才算是完成一次傳統的剃鬚。在中世紀，如果一個小夥子對理髮感興趣，他要先成為一個理髮師公會高級會員的學徒。經過七年的學習，他要向公會的全體委員展示自己的學習成果，如果得到公會的認可，這名學徒就可以在社區從事理髮了。為了瞭解如今的理髮師是如何進行培訓的，我拜訪了麥特·施瓦爾姆（Matt Schwalm），他是位於賓夕法尼亞州希爾營城的理髮造型研究院的負責人。

研究院坐落在城鎮郊外的一棟劇院大樓裡。中間的房間有著高高的吊頂，燈光充足，牆也刷得雪白。房間裡放置著兩排並列的椅子，上面都坐著一名顧客，有的端坐著，有的靠在椅子上。每個顧客身邊都有一名理髮師學徒正在專心練習理髮技術。施瓦爾姆三十五歲，是一位資深的理髮師，為人謙和、友善，對工作十分熱情。他的頭髮是胡桃色的，兩鬢很短，中間梳起一個令人印象深刻的莫霍克髮型。他的打扮也很隨意，有時候甚至不穿理髮師制服。

施瓦爾姆解釋道，美國在一九三五年之前，所有理髮師的培訓都是在學徒進修會裡進行的，課程都由資深理髮師講授。在那之後，國家設立了每個學院和理髮店都必須滿足的標準。在理髮造型研究院裡，申請者在入學前要完成至少八個級別的常規學校教育。一旦被研究院錄取，學生將會接受嚴格且實用的學術教育，其中包括接受擁有國家認證許可的教師利用投影機和錄影進行的授課。在實踐練習課程上，學生們首先在戴假髮的人體模型上練習，然後才真正在志願者頭上練習。國家規定，所有參加理髮師實踐和書面考試的學生都要在規定期限裡完成一千二百五十個學時的學習。為了把理髮過程中的每個環節（包括安全、頭髮結構分析、生理學和病理學、感染控制、剃鬚、理髮、洗頭、染髮、永久燙髮、頭髮拉直，最後還要熟悉理髮店運營及相關的國家法律）都做到完美，施瓦爾姆希望他的學徒能熟讀厚達八百頁的教科書，並掌握其中知識。研究院每年能誕生約二十位通過認證的理髮師，其中三分之一是女性。參加理髮師培訓的學費，包括所有的書籍和材料在內，大約需要花費一萬美元，並用九至十三個月的時間完成學業。大多數畢業生都會選擇加入現有的理髮店，少數有才華且進取心強的學生也會自己開店。國家規定每個理髮店都必須配備基本的設備和理髮用品（包括鏡子、旋轉理髮椅、提供冷熱水的洗臉台、理髮推子、剃刀以及磨刀皮帶），因此理髮店的開業費用成為每個新店主一個不小的障礙。

在歷史上，男性通常都在理髮店或類似場所修剪頭髮，但女性的頭髮護理則一般在家裡完成，而且往往還需要僕人、家人或朋友的幫助。某種程度上，這是因為女性的頭髮不能被隨便觸摸；例如十七世紀前的歐洲，羅馬天主教禁止任何男性觸碰女性的頭髮，至少在公共場合上不能。一六三五年，第一家提供女性頭髮護理服務的機構在巴黎成立，但這家沙龍沒有被廣泛接受，只在那些雇不起私人理髮師的女性中流行。十九世紀七〇年代，巴黎的美容院才算真正流行起來，當時一位名叫馬塞爾・格拉托（Marcel Grateau）[36]的髮型師發明了新的燙髮方法。

格拉托進入理髮行業之前是一個為馬匹提供美容服務的美容師。他希望能將自己的技術應用到人身上，因此在業餘時間到附近一個美容師朋友的店裡幫忙。二十歲時，他已經學到足夠多的女性頭髮相關知識，足以在蒙馬特爾區一個藝術氛圍濃厚但並不是很富裕的巴黎社區開店。由於富有創意和冒險精神，他嘗試了各種不同的燙髮方法，最後發現通過一種燙髮鉗，在壓力和溫度組合良好的情況下能打造出一種穩定的髮型。通過這種方法，他可以為所有女性打造出自然、起伏的卷髮，這在後來被稱為「馬塞爾波紋卷髮」。由於這種髮型太有魅力，巴黎及周邊的女性競相高價預約做造型。[*15] 這一發明不僅吸引了大量顧客，還讓女性可以到家以外的沙龍享受頭髮護理服務的觀念得到確立和合理化。今天，沙龍是現代女性生活的一部分，單在美國就有超過十萬家店鋪供選擇。

然而，對於任何希望生意興隆的髮型師來說，他必須知道頭髮是什麼，是如何產生的，會如何磨損，怎樣燙捲以及如何編髮辮。

---

36 Marcel 一詞本身就有「燙髮」的意思。

第7章——

懸髮表演

一萬根頭髮擰在一起強韌到可以吊起不止一個成年人。

一個苗條、平胸的女演員穿著一套款式簡單、飾有亮片的貼身雜技服站在一群忙碌的助手中間。她的視線越過觀眾，鎮靜地盯著遠方。一個身形矮小的肌肉男正將她那烏黑而筆直的長髮打結，然後把髮束與一條從舞臺上方的椽子上垂下來的繩索繫在一起，繩索幾乎與髮束等粗。當助手退場後，特技女演員像鳥展開翅膀一樣張開雙臂，繩子被收緊，她的頭髮被提起來，身體隨之漸漸升高。在上升過程中，她的頭部保持不動，視線也一直望著前方。到達最高點時，她踮起腳尖，雙臂交叉在胸前，開始做皮魯埃特旋轉。停止旋轉後，她再次張開雙臂，面露微笑，向觀眾拋灑飛吻，然後在人群興奮的尖叫聲中慢慢降下來。觀眾們歡聲雷動，為雜技演員的頭髮竟可以把她的身體提起來讚歎不已。

一萬根頭髮能吊起不止一個成年人

在實驗室裡，從身體健康的人體取下一根頭髮，可以吊起大約四分之一磅[37]重的物體，這證明髮幹具有極強的抗拉能力。而上述懸髮表演之所以能成功，還取決於另一端的固定點：要知道，如果只是靠頭髮把演員提起來，一旦頭髮被連根拔起，演員就會掉下來，只剩頭髮掛在椽子上，她的教練會惹上官司，觀眾也會嚷著要退錢。科學家發現，把生長中的頭髮從肌膚深處拔出來需要五分之一磅力。如果吊起這個雜技演員的髮束由一萬根頭髮組成（可能更多），它就能提起一千五百磅的重量。當然，「懸髮表演」能成功還有另外一個因素——人體頸部骨骼和關節那令人難以置信的強度和靈活性。但不管怎麼說，離開頭髮獨特的物理特性，「懸髮表

37 一磅約為 0.45 公斤。

演」不可能成功。

髮幹的構造和樹幹相似。它們都是為承受極端的物理壓力而存在的，都是實心的圓柱形物體，裡面都充滿了紡錘狀的細胞和線狀分子，外面都有一層包裹物：頭髮的稱為「角質層」，而樹幹的則是「樹皮」。

然而，樹幹和髮幹之間的相似之處也就僅此而已了。構成樹幹的細胞和結構物質可以在植物中找到，而構成毛囊的細胞和分子只能在高等動物身上找到。構成樹幹的細胞是活的，構成髮幹的細胞卻已死去。此外，兩者的增長方式也有根本的區別。樹幹是依靠樹皮內的細胞構成的年輪向上、向外增長來變長、變粗。而頭髮在生長的同時，毛囊深層的細胞也在分裂並附著於髮幹根部，推動髮幹纖維不斷向上生長。

髮幹由角質化的上皮細胞構成，沒有血管和神經，因此頭髮在被剪斷時不會流血，被折起時也不會讓人覺得疼。髮幹的生長始於毛囊的深層，那裡分布著增長最活躍的細胞。這些細胞底部呈立方形，但隨著它們沿著髮幹上移，細胞開始拉伸，變成圓柱形，然後是紡錘狀。隨著細胞的成熟，它們會彼此連接，其間充滿了被稱為「角蛋白」的線形蛋白質。當細胞完全成熟後，髮幹就會成為一根乾燥、僵化的線狀物。它沒有活生生的細胞，但結構極其強韌，就像懸髮表演裡展示的那樣。

填充髮幹細胞的線形蛋白質、角蛋白的作用就像浮橋，在細胞壁之間相互連接。這些角蛋白不僅在彼此間和細胞壁間相互連接，還嵌入並固定在周圍的細胞基質內。[*1]角蛋白的類型和填充細胞的方式決定了髮幹細胞的形狀，繼而決定髮幹的形狀。首先，角蛋白填充髮幹細胞時並不總是均勻的。例如，在捲曲的頭髮上，角蛋白在彎曲內側和彎曲外側的填充數量是不同的，蛋白質填充的方式影響著捲曲的類型。[*2]其次，每根髮幹都由多種不同的角蛋白構成。事實上，「角蛋白」一詞是指一個龐大的蛋白質家族，每個成員的形狀大致相似，都是首尾蓬鬆、中間緊實的線狀物。雖然所有角蛋白中間部分的化學成分相似，但它們的兩端是不同的。科學家已經在人類頭髮中發現了二十四種不同的角蛋白，雖然目前還不知道為什麼這樣一個看似簡單的結構需要這麼多種類的蛋白質，但他們相信這些不同的角蛋白對頭髮的形成、形狀和結構有著不同的作用。因為這些角蛋白是不可替換的，缺乏其中任何一種都會造成嚴重的問題。例如，一個因先天性遺傳缺陷而不能合成 hHb6 型毛髮角蛋白的孩子，雖然能長出頭髮，但髮幹的形狀會發生改變。這種缺陷已被命名為「念珠狀髮」，這種有缺陷的頭髮表面凹凸不平，看起來就像一串珍珠項鍊。「念珠狀髮」髮幹脆弱異常，即使是輕微的損傷，例如梳頭，也會導致頭髮凹陷變薄繼而折斷。由於這個原因，「念珠狀髮」患者的頭髮露出皮膚表面後很快就會折斷，即便不是完全掉落，也會顯得十分稀疏。雖然我們知道有缺陷的基因、缺失的蛋白質以及它在髮幹何處發揮作用，但不知道這種特殊的角蛋白如何與其他角蛋白相互作用，從而保持頭髮健康；它的缺失又如何導致病變。而最令人沮喪的，是我們不知道如何修復這種缺陷。

「長髮公主綜合症」

暫且不談遺傳因素，健康的頭髮是人體中保存時間最久的結構組織之一，僅次於骨骼和牙齒。把頭髮埋在一個乾燥的環境裡，可以保存上萬年。但如果是埋在溫暖潮濕的土壤裡，它會在幾周甚至幾天內分解。這是因為髮幹主要由蛋白質構成，含量高達百分之八十五至百分之九十九。漢堡肉或精心烹飪的牛排，其蛋白質含量也僅占百分之十七至百分之二十二，遠遠不及髮幹——假如你能吃頭髮的話。不過，確實有一些有機生物是以角蛋白為食的，比如能在潮濕土壤裡找到的各種細菌和真菌，它們利用被稱為「角蛋白酶」的特殊酶來消化角蛋白。

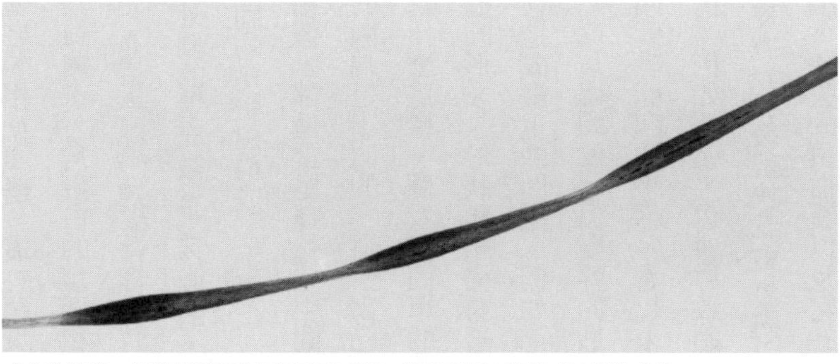

「念珠狀髮」的髮幹看起來如同珍珠項鍊，這是角蛋白紊亂或缺失造成的。
（由邁阿密大學的安東內拉·托斯蒂教授授權使用）

這些細菌先把交錯混合的角蛋白分解成小塊，然後開始狼吞虎嚥地吞食。它們也能以人類的毛髮為食。以頭皮癬為例，真菌附著於頭髮，慢慢滲入其中，然後開始快速從裡到外或從外向裡分解蛋白質，患者的頭髮就會日漸脫落，最終留下斑塊狀裸露頭皮。在學齡兒童中，頭皮癬可以像野火一樣蔓延，感染整個班級。值得慶幸的是，如今我們已經研發出可以殺死這些真菌的藥物，從而防止髮幹進一步受損，並促進新的髮幹形成。

除了這些真菌，其餘大多數生物並沒有消化角蛋白的能力。以人類發現的1.3萬年前的地獺為例，人們在牠的腸道裡發現了保存完好的毛髮。[*3] 如今，大多數養貓的人都知道，毛球症對他們的小貓來說是個不可回避的問題。同樣，毛球在人類的胃腸內也會引起問題。在最近報導的一起案例中，一個十四歲的女孩因為腹痛難耐而來醫院求醫。醫生在她的胃裡發現了一個直徑六英寸的毛團，原來這個女孩患上了「長髮公主綜合症」，這是一種因吞食毛髮而引起的腸道併發症。[*4] 為此疾病命名的外科醫生認為這些一直垂到腸道的毛團看起來就像是同名故事書中主角的飄逸長髮。在手術移除毛髮異物後，女孩恢復得很好，但她的情況和其他患者一樣，都是因為罹患精神病而引起的，疾病驅使她把頭髮拔下來，然後吞進肚子。「長髮公主綜合症」說明頭髮的兩個屬性：第一，它是一種有韌度的物質，在腸道裡極難分解；第二，吞下的毛髮在腸道狹小、溫暖和潮濕的環境下，會像滾雪球一樣越滾越大，最後變成一團巨大的緊密纏繞

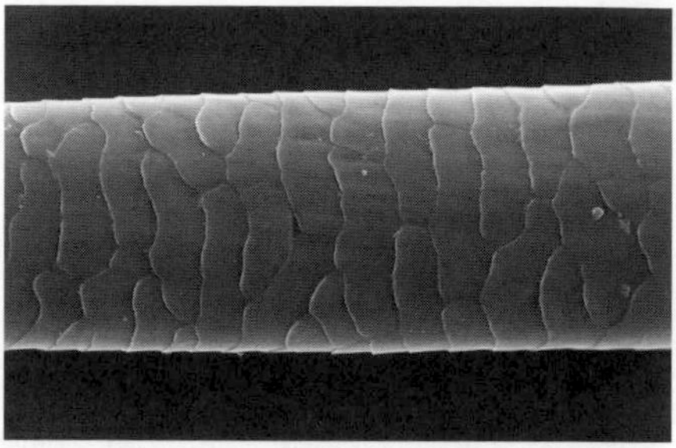

老鼠的髮幹及其瓦片狀角質層，髮梢在圖片左邊。由於角質層細胞覆蓋毛幹的方式，當你逆著摩擦它時，感受到的阻力要比順著摩擦時大。（緬因州傑克遜實驗室的 J.P. 桑德柏格授權使用）

的梗阻性腫塊。

當頭髮處於潮濕溫暖的環境並被擠壓時，它會形成一個緊密纏繞的纖維團。換句話說，它會黏結。頭髮之所以黏結起來，是因為它表面覆蓋著角質層，即一層包裹著髮幹的細胞。角質層和它的獨有特點只存在於頭髮，絲綢、棉花、亞麻、大麻或任何其他天然纖維中都找不到它的蹤跡。[*5] 因為角質層細胞只要稍微翹起一點，就會和臨近的細胞連接起來。你可以通過一個小小的實驗觀察到頭髮的這一特徵：用拇指和食指捏起一小撮頭髮，然後夾緊手指上下捋動。在向上捋時（遠離頭皮方向），你會覺得很流暢，但在向下捋時（向頭皮方向），你會感到些許的阻力。這是因為角質層細胞的排列就像屋頂的瓦片一樣：在屋頂表面，瓦片指向屋頂，而在髮幹表面，角質層細胞則指向頭皮。由於角質層細胞從髮梢向外伸出，它們賦予向外生長的髮幹一種能力：把那些鬆散的、不必要的物質（如灰塵顆粒、脫落細胞和皮脂）從髮囊深處鏟起並帶至皮膚表面。這些角質層細胞還有重要的阻隔作用，就像一道屏障，阻止任何細小的昆蟲從髮梢爬向頭皮皮膚表面。

在毛髮角質層的排列方向上，人類和其他動物的毛髮都是一樣的，只有一個除外——豪豬毛刺。這是一種大量生長在豪豬背部的毛刺，堅硬、尖銳、鋒利。根據不同的種類，毛刺可能聚集在一個區域，也可能散布在其他毛皮裡。當豪豬受驚時，毛刺的毛囊肌肉會收縮，使尖刺直立起來。毛刺上的角質層會指向外部，就像一個指向尖端的箭頭（與人類的毛髮不同）。這種反方向的排列會產生兩種嚴重的後果。第一，毛刺無法固定在毛囊底部，它們只是鬆散地掛在那裡。第二，當毛刺進入其他物體內部時，會像魚鉤上的倒刺一樣，很難再拔下來，而且任何小動作都會讓刺扎得更深。因此，豪豬的這些毛刺相當於潛在的殺手。[*6]

角質層細胞的瓦片狀階梯排列方式使得髮幹極其穩固。當毛囊處在潮濕的環境中時，會像飛機機翼的活動鉸鏈一樣打開。髮幹的角質層細胞就處於這種打開的潮濕毛囊深處，另外這裡還會發生神奇的相互作用。毛囊外壁還包裹著一層角質層，與髮幹上的相同，但這層角質層細胞指向遠離皮膚表面的其他方向。這樣，當毛幹距離頭皮較近處的角質層向外打開時，就可以鉤在毛囊壁向外打開的角質層上了。而發生在毛囊深層的髮幹和角質層的情況則類似於髮幹角質層細胞黏結、氈化的過程。

氈帽、髒辮與縮絨工藝

據民間傳說，氈化現象是羅馬天主教第四任大主教兼帽匠的守護神聖克萊門特（St. Clement）在無意間發現的。傳說中，克萊門特有一雙相當細嫩的腳。有一次，他為了躲避暴民的迫害，把羊毛塞進鞋子裡，逃亡安全的地方。到達之後，他脫掉鞋子，發現裡面的羊毛已經不再是鬆軟的絨毛團了，反而變成一塊緊綳、堅硬的糙布。在躲避追捕的過程中，他溫暖而潮濕的腳不斷擊打著這些羊毛，使羊毛纖維緊緊糾纏在一起，羊毛的角質層細胞張開並互相勾連——換句話說，就是氈化了。後來的縮絨工藝也採用了相同的步驟：聚攏羊毛，弄濕，加熱，然後不斷擊打。

與其他需要編織的織物相比，製造氈布更容易。在氈布行業裡，選擇的原料是美麗諾羊毛，這是一種非常纖細、捲曲並帶有明顯角質層的纖維。縮絨工人先把羊毛清洗乾淨，然後梳理成一層鬆散、整齊的纖維，稱為「棉絮」。接下來，工人把棉絮一層層堆疊起來，直至達到所需厚度。製造一頂帽子只需要一兩層棉絮，而一塊毛毯或地毯則需要更多。縮絨工藝程序包括將棉絮放進溫暖的肥皂水裡，然後翻滾、揉捏、擊打。棉絮一旦形成結實而濃密的一團，縮絨就算完成了。這時候，羊毛會緊緊地攪在一起，你想從中抽出一條單獨的纖維幾乎已不可能。

就像構成它的纖維一樣，氈布非常結實，應用也很廣泛。一旦完全形成，氈布就會反映出毛皮的屬性：重量輕，耐高壓，抗強震，有極好的延展性。它是熱和電的不良導體，因此耐高溫、絕緣並且防火。氈布放在水中，重量會增加，但不會變濕。此外，當氈布吸收了水之後，會釋放出熱量。因為沒有鬆散的纖維，所以氈布不會糾纏，也不會磨損或縮水。氈布可以做得非常堅硬，足以承受在上面雕刻、鑽孔，甚至能帶動一架車床。在「二戰」中，由於無法獲得其他材料，氈布被利用到了極致：飛機艙壁絕緣層、擋風氈條、防毒面具中的空氣過濾器、靴子、餐具蓋子、帽子、外套、滑雪靴、收音機底盤墊圈、潛望鏡、汽車輪子、汽車缸蓋、車門軟墊、人造假肢、止血帶、拋光毛氈等。

氈布第一次出現的證據可以追溯到大約西元前六千五百年的新石器時代，但考古學家認為，人類在學會織羊毛前就已經學會製造氈布了。氈布的第一個使用者可能是在中亞的遊牧民族（分布於土耳其、阿富汗、伊朗、蒙古和哈薩克），他們用氈布來製作帽子、木屋、鞋子、馬鞍、衣服和地毯。氈布在他們的日常生活中使用如此廣泛，以至於古代的中國人（西元前四百年）稱這些遊牧民族的國家為「氈布之國」（The Land of Felt）[*7]。三千五百年前，氈布製造技藝傳到西歐，歐洲人隨後將氈布應用到許多領域，最常見的物品或許就是氈布帽子了。古希臘的水手和士兵常常佩戴一種無邊的氈帽，稱為「皮便帽」。荷馬史詩告訴我們，機智的奧德修斯

（Odysseus）在頭盔下也戴了一頂氈帽。在羅馬，奴隸慶祝獲得自由的一個習俗便是剃光頭髮戴上一頂氈帽，因此氈帽成了自由的象徵。波斯國王薛西斯（Xerxes）和手下士兵也戴著氈帽參加戰鬥：士兵的帽子緊緊地戴在頭上，而國王頂著尖頂氈帽，就像雞冠一樣。即使在今天，氈帽仍然被廣泛使用：歐洲人戴男式軟呢帽、小禮帽和貝雷帽，中東人戴土耳其氈帽，南美的蓋丘亞人和艾瑪拉人則戴一種極具特色的圓頂高帽。

雖然大多數氈布的原料都是羊毛，但其他動物如兔、麝鼠、水獺、貓或狗的下層絨毛也能用來製造氈布。事實上，任何一種有正常角質層的毛髮都可以。人們通常不會考慮用人的頭髮來製造氈布，那是因為人類的毛髮氈化程度不夠好。但事實上，人的頭髮也能夠氈化黏結，就像「長髮公主綜合症」裡的髮團或流行的髒辮一樣。造型師一般可以通過重複縮絨工藝的步驟來製作髒辮：浸濕、加熱，再施壓、塑形。有些人種的頭髮要比其他人種的好處理些，所以造型師在做造型之前，必須先瞭解顧客的髮質，再考慮如何處理。因此，對造型師來說，要達到理想的效果就需要瞭解頭髮本身。

髒辮。依靠人類頭髮具有的黏結特性和角質層編成的髮型。（由醫藥部皮膚科公共衛生學碩士安德魯·阿萊克希斯授權使用）

第8章——梳子、剪刀、卷髮夾和染髮劑

永久的燙髮、拉直、染髮或漂白需要對頭髮纖維進行破壞和重建。

二十世紀早期，體質人類學研究學者認為，可以根據人種的膚色和髮質粗略地將人類分為不同的「種族」。對他們來說，頭髮的形狀（無論是垂直的、波浪狀還是緊緊蜷縮起來的）反映出不同人種的地理背景資訊：亞洲人長著長而直的黑髮，撒哈拉以南的非洲人頭髮緊密地蜷縮起來，而印歐人的頭髮則是波浪形的。

在當時，他們的判斷是正確的，不同人種之間的頭髮形狀確實有很大差異，但在今天，單

憑這點已不能準確判斷人們的地理背景、種族或家族史。其中一個原因是世界範圍內的人類通婚已經有很長的歷史了，就算仍然存在血統純正的人種也屬相當罕見。如今，人類基因的混合程度之高甚至達到了現代歐洲人頭髮裡含有尼安德塔人的基因的程度。[*1] 另一個原因是，在所謂的人種之間，很多的頭髮形狀與其他人種的相重疊。在傳統的歐洲人中，既有以直髮為主的人，也有以卷髮為主的人。傳統的非洲人也有直髮的，亞洲人中也發現了類似的頭髮形狀分布。日本科學家長瀨信夫（Shinobu Nagase）博士和他的同事發現，百分之五十三的日本女性的頭髮是直的，另外百分之四十七的則是從略彎曲到彎曲等不同程度的卷髮。[*2、3] 此外，各民族人群的體毛都是捲曲的。所以單憑一根毛髮的形狀不能告訴我們很多關於其主人的背景資訊。

由於頭髮形狀的大範圍重疊，一些研究人員建議，我們定義頭髮的特徵不應該僅僅憑毛髮主人的種族起源，而應該用髮幹曲率。[*4] 巴黎的吉爾達斯・魯蘇瓦（Gildas Loussouarn）教授和她的同事研究表明，所有人類頭髮的彎曲度可分為八個等級。[*5]（無論是理髮店、美容院或診所）在做頭髮造型時，考慮的重點應該是顧客頭髮的類型，而不是他生活的社會、政治或地理背景。[*6]

頭髮是死細胞，為何會分岔？

打造不同髮型的挑戰從梳頭髮時就開始了。雖然梳理頭髮使之不打結對護髮很重要，但不管對哪種頭髮來說，過度梳頭髮都會損傷髮幹，並使角質層剝離。[7]頭髮失去角質層就如同一個壽司失去包裹在外面的紫菜：它們的外形都會膨脹、走樣。沒有角質層，髮幹裡的線狀細胞就會向外散開，讓髮梢變得毛茸茸的，並最終演變成我們所說的「分岔」。不幸的是，因為髮幹是由死細胞構成的，不具備自我修復能力，所以分岔是永久性的。[8]

〈梳頭女子〉，愛德格．德加斯（Edgar Degas）繪製於一八八八至一八九〇年的作品。即使最輕微的梳頭也會損傷髮幹和角質層。（由紐約大都會藝術博物館授權使用）

梳頭髮的難度與頭髮的捲曲程度直接相關。梳理捲曲的頭髮會不可避免地導致梳子和頑固的卷髮團之間的直接對抗，因為梳理不僅是在緩解彎曲，也在試圖解開髮結，而捲曲的頭髮更願意纏結在一起。這種對抗常常使得母親在女兒校車到達之前就已經筋疲力盡，因為她必須替不斷尖叫的女兒梳理捲曲打結的頭髮。

慢慢的，人們發現，將頭髮拉直或抹上髮油會使得捲曲的頭髮更容易梳理。雖然洗髮露對保持頭髮和頭皮的整潔必不可少，但洗髮露產生的泡沫會洗去人體的天然油脂，繼而增加頭髮的乾澀程度，讓梳頭髮變得更困難。為了把洗髮露洗掉的天然油脂補回來，化妝品生產企業提供了可以覆蓋在頭髮上以減少頭髮與頭髮、頭髮與梳子之間糾纏的產品。這些產品可做為組成部分加入洗髮露中或單獨提供。護髮素和柔順劑就是其中的典型，它們含有長柱狀分子，一端附著到髮幹上，另一端則使髮幹表面帶上正電荷。[*9] 既然所有被護髮產品覆蓋的頭髮都帶上了正電荷，而同性電荷相互排斥，這些頭髮彼此間就不太可能打結，從而變得筆直、垂墜。而對於卷髮非常嚴重的人而言，可能需要使用濃度更高的油性產品來說明梳理，例如潤髮油（礦物油、羊毛脂和凡士林）、髮油和髮蠟。

最早的哺乳動物身上長出的毛是直的，因為直髮的設計和生長分子機制更簡單。今天，幾乎所有哺乳動物身上的毛髮都是筆直與捲曲混合。捲曲的毛髮能提供更有效的保護，因為同樣的長度，捲曲的毛髮覆蓋的皮膚面積更大，也能阻隔更多空氣，形成一個重要的隔離層。從這點上來說，堅硬、筆直、濃厚的毛髮覆蓋的皮膚面積遠不如濃密、捲曲、彼此糾纏的絨毛。[*10]

如何獲得一頭亮麗的卷髮

人們總想得到自己不曾擁有的東西。當這個特點體現在頭髮上時，就是我們總想把直髮燙捲，把卷髮拉直。但無論哪種，都需要花費大力氣，才能改變髮幹形狀。為了瞭解卷髮是如何產生的，我們首先要更細緻地回顧一下頭髮的結構。髮幹是由一根纖維核心以及環繞在外的角質層細胞構成的。構成這些角質層的細胞內部充滿了線形的蛋白質，被稱為「角蛋白」，並且這些蛋白質都依次處在富含硫基團的黏性液體裡，就像生長在泥濘沼澤裡的貓尾草。角蛋白彼此間以及與鄰近物質通過兩種化學鍵結的強鍵和弱鍵連接在一起。弱鍵連結也被視為氫鍵連結。通過潤濕頭髮，你就能打破脆弱的氫鍵連結，使髮幹結構變得鬆散，具體表現為：頭髮在水中或高濕度中會放鬆下來。這種連結讓頭髮可以大量吸收水分（事實上，一根頭髮能吸收與自身等重的水），而且浸濕的頭髮也很有彈性。在燙髮過程中，美容師把頭髮弄濕以打破氫鍵鏈結，之後改變它們的彎曲程度。這本質上就是十九世紀七〇年代馬塞爾•格拉托在巴黎想出的如何用他發明的卷髮器打造卷髮造型的原理。卷髮夾由金屬的中心支架和外部套箍組成。格拉托先加熱卷髮器，然後用卷髮器夾起一縷潮濕的頭髮。水分和熱量打破了頭髮的氫鍵鏈結，但隨著頭髮的晾乾和溫度冷卻，氫鍵鏈結重鑄並使夾過的頭髮呈現彎曲的形狀（同樣的原理可以應用在頭髮的矯直上，但直髮夾中加熱的中心支架和套箍是平的）。這種簡單且相對安全的造型程序也有不足之處，即處理後的髮幹對水很敏感。如果新捲曲的頭髮暴露於水中或高濕度環境中，弱氫鍵連結會再次破裂，髮幹會變回原來的樣子。因此利用這些氫鍵鏈結來塑造頭髮方便、快速而且安全，但無法持久保持。

第二種矯直或捲曲頭髮的方式是通過打破和重塑約束角蛋白的強硫鍵鏈結。這些鏈結非常穩定，一旦你打破並將之重塑，改變就是永久的；水或洗髮露都無法讓其變回原來的形狀。約束角蛋白的強硫鍵可以被富含含硫化合物的軟化劑所打破，這種試劑可以在永久燙髮用品裡找到。當這種負責分解強硫鍵的化學藥劑被弱酸（如有醋味的乙酸）洗掉後，強硫鍵連結重鑄，頭髮也就呈現彎曲的形狀。這個過程提供了美妝所需的形狀，但也永久性地改變了頭髮的物理特性，降低了頭髮的韌度，使其變得脆弱。需要注意的是：必須嚴格遵循使用方法，因為過多的軟化劑或長時間暴露於軟化劑中都會讓頭髮變成膠糊狀——無論頭髮是濃密還是稀疏、筆直還是捲曲。

髮色隱藏的祕密

燙髮和染髮都是愛美人士改變外表的主要手段。雖然我們沒有在第五章詳述，但顏色是頭髮傳遞資訊的手段中不可分割的一部分，此外世界各地的人每年花在染髮上的錢超過一百億美元。[11]

頭髮的顏色可以傳達特定的印象和資訊。首先，頭髮的顏色可以反映人的年齡．淺色代表年幼，飽滿的深色則象徵著青春，灰白的頭髮則是長者的象徵。[12]但顏色還有其他更微妙的含義。在傳統的西方童話故事裡，邪惡的女巫留著的不是長長的黑髮就是灰白的頭髮，而悲情的美女總擁有一頭飄逸的金色長髮（當然，白雪公主是個令人耳目一新的例外）。古羅馬時期，金髮對歐洲的成年女性來說很重要，因為金黃色的頭髮寓意「天堂之光」，是財富的寫照，象徵著純潔和青春。相比之下，紅髮在歷史上具有消極的含義。對中世紀的教徒來說，紅髮被視為邪惡的象徵。根據當時的學者描述，出賣了耶穌的加略人猶大就有一頭紅髮，與魔鬼一樣。紅髮的女性被認為脾氣暴躁，有著異常旺盛的性慾，而男性則被認為性格軟弱、性無能。

頭髮的顏色來自一組獨特的細胞，它們處於毛囊底部，位於真皮乳突上方。這些細胞能產生一種深棕色的黑色素，因此稱為「黑素細胞」。這些細胞有許多纖細的樹枝狀分支，這些分支直抵髮幹細胞表面。一旦感受到黑素細胞，髮幹細胞就會吞掉一小塊黑素細胞的末梢，繼而獲得黑色素。這樣，黑色素融入細胞質中，髮幹就從頭到尾被染成了黑色。只要髮幹處在生長期（即只要髮幹還在生長），髮幹細胞就會吸收黑色素。淺色頭髮和深色頭髮之間的差異是由轉移到髮幹細胞中的黑色素的數量和形狀決定的。深黑色的頭髮中含有大量足球狀的黑色素，它們彼此獨立。淺色的頭髮含有的黑色素少很多，而且呈圓形，成群結隊地聚集在一起。

當我們談論頭髮的顏色時，其實我們是在討論頭髮失去的顏色——或者如莎士比亞在其十四行詩第七十三首中所說的「青春的寒灰」，這裡當然指的是變得灰白的頭髮（指年華老去）。皮膚病醫生表示，北美洲百分之五十的人口到五十歲時，百分之五十的頭髮會變成灰白色。當然，也有例外。有些人在二十多歲或更年輕時就長出灰白的頭髮，而有些人即使年近九十，灰白的頭髮依然很少。在各個人種之間也能發現某種趨勢：白種人通常在三十五歲左右就長出灰白的頭髮，而亞洲人通常在近四十歲時長出，非洲人則在四十五歲左右才會長出。

灰髮的產生有一種普遍的模式，不過也因人而異。很多人都是頭部兩側的頭髮先變灰，緊接著才到頭頂，然後是鬍鬚和體毛。而有些人卻是頭頂先長出灰色頭髮，另一些人則是鬍鬚先變灰，然後才到頭髮。在衰老的早期階段，個體毛髮可能表現出色素障礙，髮幹上有的地方變成灰色，有的地方顏色正常。最終，整個髮幹變為灰色，因為沉積在構成髮幹的細胞裡的色素越來越少。儘管全世界的科學家都在研究色素沉著和頭髮變白的機制，但目前我們還不清楚它是如何發生的以及應如何治療。

我們知道，頭髮變白與年齡有關，由遺傳基因決定，但不知道是什麼啟動了這一進程。如前所述，黑色素的轉移依賴於毛髮的循環週期，在生長期末期，頭髮中的黑色素轉移停止並且毛囊底部的活躍色素細胞會死亡。在下一個週期，色素幹細胞分裂使色素細胞得到補充，而這些色素幹細胞所處的位置和毛囊幹細胞一樣。最近的研究表明，由於灰色長髮的毛囊裡缺乏色素幹細胞，因此無法產生足夠的色素細胞給髮幹染色。

為了抵抗白髮和營造靚麗的外表，人類已經有幾千年的染髮歷史了。早期的染髮劑包括礦物質（如鉛、銀、鐵、汞、鎳鹽）、植物萃取物（如指甲花、單寧、洋甘菊、鼠尾草、靛藍屬植物、菘藍屬植物、漿果和核桃提取物）以及用碳化的植物和動物材料製成的化妝墨（一種懸浮在蠟或玫瑰水底部的黑色粉末）。這些最早的染色劑只是噴塗在髮幹表面，所以顏色只能維持到洗頭之前。

隨著十九世紀末化學工業的繁榮昌盛，創意染髮的機會之門打開了。過氧化物可通過氧化除去天然色素，與其他各種能夠增添新色素的化學產品一起受到了市場的歡迎。這些化學物質能夠通過穿透髮幹表面，繼而達到永久性染髮。

永久性染髮最常見的程式包括三個步驟。[*13] 首先，去除頭髮的天然色素。要做到這一點，就要往頭髮添加一種氧化劑（如含鹼的過氧化氫或者氨）。這些物質混合在一起能使角質層軟化，髮幹表面變得可穿透，並打破黑色素的分子結構。由於黑色素無法再吸收光線，髮幹的顏

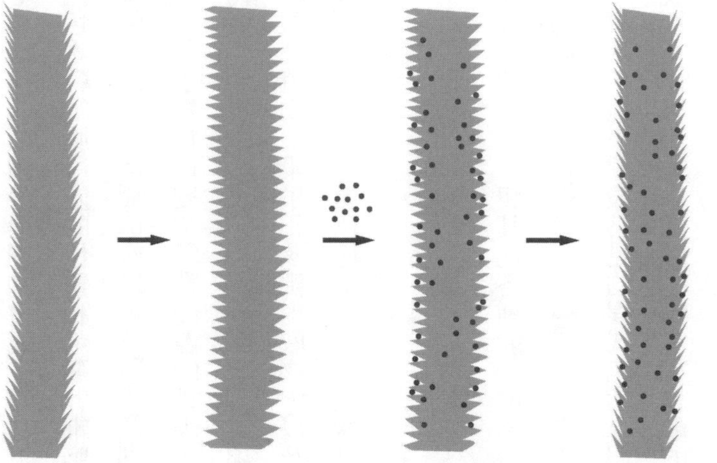

染髮的步驟。為了讓染色劑進入髮幹，造型師會先打開角質層，讓髮幹變得可穿透，然後添加染色劑，最後讓角質層閉合，使髮幹恢復原狀。（馬克·塞巴繪製並授權使用）

色也變得更淡。對那些尋求亮金色頭髮的人來說，到這裡就可以結束了。而對於想要其他髮色的顧客，染色過程還需要第二步，即把染色劑的混合物添加到可穿透的髮幹上。染料分子通過經由化學改變並打開的角質層擴散進入皮質層。在那裡，染料相互結合，並與周圍的角蛋白細胞結合。這一化學過程是相當精確的：染料的用量和應用時間必須完美配合才能達到所需效果。要完成染色的工作還必須清洗和吹乾頭髮，讓頭髮的 pH 值恢復到中性，並收縮皮質層，閉合角質層。現在染料已經被鎖定在髮幹與角質層中了。*14

頭髮本來具有耐受性，但染色——像燙髮或拉直一樣——永久地改變了它。永久性染色會造成永久性的傷害，讓髮幹變得脆弱、易損和多孔。科學家正在研究如何減少髮幹受損程度，他們發現最理想的狀況是通過刺激或抑制正常的毛囊色素來改變頭髮的顏色。這就需要某種刺激使毛囊的色素細胞為生長的髮幹細胞產生更多或更少的黑色素以獲得理想的顏色。

這一設想的未來前景令人興奮，但在實現之前，我們還需要更深入地瞭解髮幹形成和色素澱積的正常機制。因此，現在的我們想要改變髮色和頭髮形狀，只能通過不那麼完美的化學手段。然而，如果一個人既不願意也無法接受頭髮損傷，又想獲得預期外觀的話，他也有另一種選擇：假髮。

第9章——假髮的藝術

如今，有部分品質最好、價格最便宜的假髮來自印度安得拉邦地區的印度教寺廟。據估計，這些地區每天的遊客人數平均為五萬，其中有四分之一願意捐獻自己的頭髮，這使得寺廟每年賣給假髮商的頭髮超過五百噸。

戴假髮，上流社會的專屬權利

英語中，「假髮」的單詞 wig 來自 periwig。法國人向英國人介紹 perruque（假髮飾）一詞時，後者確信自己聽到的就是 periwig。在十七和十八世紀，「假髮」特指男人戴的假髮，由各種長度和樣式的人類或動物的捲曲毛髮製成。今天，上流社會對假髮最常見的委婉說法是「髮套」或「髮飾」，而避免使用陳舊的說法「假髮」和「虛假之物」。

即使是在最早的文明裡，出於社會和政治方面原因，人類就已經開始使用模仿頭髮的頭套了。正如古老的文本、雕塑和繪畫所記錄的，假髮的使用在古埃及社會非常普遍，尤其是在王室成員中。對於較高階層的人士來說，剃光原來的頭髮，然後戴上用人類頭髮或棕毛纖維製成的假髮是很常見的。我們能看到，假髮不僅能裝飾頭頂，而且還能美化法老的鬍子。在宮廷中，男人（女人偶爾也會）戴著長長的、圓柱形的假鬍子，這被視為權力的象徵。假鬍子的樣式各異：有的筆直，有的精心編織。後來戴假髮的行為傳播到古希臘和羅馬的上層社會，並蔚然成風。由於假髮在社會生活中很重要，一些羅馬貴婦為了確保自己有充足的金黃色假髮髮源，甚至至蓄養金髮的奴隸。

中世紀時期，假髮的使用逐漸衰落。直到一六二四年，當路易十三用一頂長長的、深色的波浪形假髮遮住他那禿頭時，戴假髮的潮流才再度興起。路易十三被認為是自古埃及時期以來所有王室中第一位戴假髮的皇帝，從他開始，戴假髮的風尚持續了將近二百年，直到法國大革命中王室那些戴著假髮的腦袋紛紛從脖子搬家才告結束。在革命前的社會，假髮代表著地位和權力。在一六四三年路易十三的統治後期，假髮做為貴族必須佩戴的一種裝飾被歐洲社會廣泛接受。為了保證假髮的供應，一六六五年法國成立了第一個假髮行會。

假髮在社會各階層廣受歡迎，但上流社會的人戴的假髮是最大的，不僅能夠遮住頭部，還可以遮住背部和肩膀。在某些極端的例子裡，一頂時尚的假髮還會將模型船、鳥籠子和旗幟等元素編織入內。這些巨大的假髮很難打理，因為體積太大，它們既無法進行常規的清洗，也不能撒粉。撒粉是為了給假髮增添一種蒼白的質感，但因這些粉末由麵粉和澱粉製成，會導致假髮中大量細菌繁殖。

十七八世紀，與法國宮廷一樣，英國也十分流行戴假髮。其中，一種義大利式風格的假髮尤其值得注意。在十八世紀六〇年代，上流社會那些遊歷歐洲的年輕人常常帶著對通心粉的不捨——對當時的英國人而言，這是一種全新的食物——以及一個新髮型從義大利回來：一個白色的巨大假髮，前面很高，後面垂著緞帶。這些花花公子（基本上就是都市型男的前身，他們飲食考究，談吐做作，在時尚打扮上挖空心思）被稱為「紈絝子弟」。美國獨立戰爭的革命歌曲《洋基歌》（Yankee Doodle）中就提到了這種時尚，歌詞中提及：一個人來到城裡，他需要做的就是「把羽毛插在帽子上」，如此就能成為「公子哥兒」。

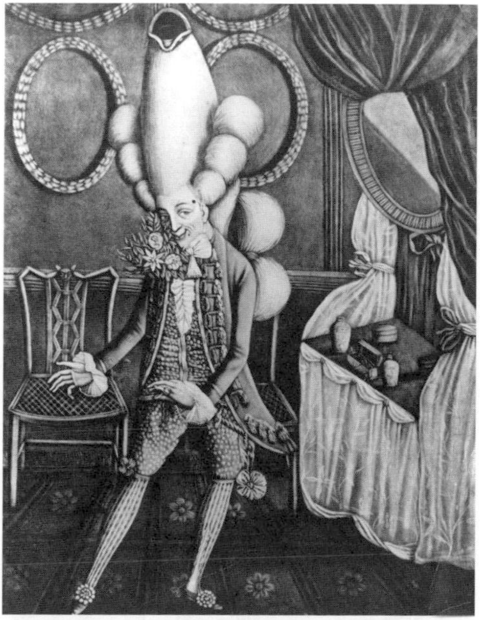

紈絝子弟。這些花花公子佩戴著誇張的假髮，注意他把帽子戴在哪裡。（由霍爾頓檔案館授權使用）

好萊塢的假髮道具

今天，世上沒有幾個人能比理查・莫比（Richard Mawbey）更瞭解假髮如何製作了。二〇一二年秋，天氣晴朗而涼爽，我參觀了莫比位於倫敦的工作場所。這座有著灰白牆壁的兩層小樓——後來我才知道它是酒吧改建的——位於一個工人街區，街道兩旁是低矮的公寓樓。小樓的門上掛著一塊不起眼的小牌子，上面寫著：「假髮製品有限公司」。

莫比長達四十年的職業生涯涵蓋了電影、電視和戲劇行業，甚至包括百老匯和倫敦劇院。他是演員史恩·康納萊爵士（Sir SeanConnery）、凱莉·米洛（Kylie Minogue）和艾德娜·艾芙烈治夫人（Dame Edna Everage）的私人假髮師，也為許多其他客戶製作假髮，如美國演員亞伯特·芬尼（Albert Finney）、潔西卡·蘭芝（Jessica Lange）、蘇珊·莎蘭登（Susan Sarandon），美國女歌手瑪丹娜（Madonna），英國女星茱蒂·丹契夫人（Dame Judi Dench），英國歌手里歐娜·露易斯（Leona Lewis）。莫比十七歲時就不顧父母反對結束了學校教育，並在一家美容院裡打工。在這家美容院，他很快就成為最優秀和最受歡迎的美容師。三年後，倫敦著名演員丹尼·拉魯（Danny La Rue）聘請他擔任自己的私人助理和頭髮護理專家。在上班的第一天，拉魯就讓莫比去打理超過四十頂假髮，步驟包括清洗、修復、重製等。對高品質假髮的需求以及與傑出的假髮製造商的頻繁接觸讓莫比越來越多地瞭解假髮的設計與製作。經過拉魯十幾年的薰陶，莫比在一九八六年得到了為百老匯音樂劇《一籠傻鳥》（La Cage aux Folles）工作的機會，這部音樂劇需要製作和維護一百二十五頂假髮。演出結束後，莫比在倫敦開起了自己的公司。自那時起，他曾在百老匯參加過《艾薇塔和普麗西拉》（Evita and Priscilla）、《沙漠妖姬》（Queen of the Desert）的道具製作和維護；在倫敦參加過《請問總統先生》（Frost/

Nixon）、《髮膠明星夢》（Hairspray）和《律政俏佳人》（Legally Blonde）的道具製作；而在電影方面，他參加過包括《鐵達尼號》（Titanic）、《星際大戰》（Star War）、《蒙面俠蘇洛》（The Mask of Zorro）和《戰地琴人》（The Pianist）等影片的道具製作。他甚至為李察・哈里斯（Richard Harris）在《哈利・波特》（Harry Potter）系列電影中飾演的鄧不利多這一角色製作過假髮。他不僅活躍在戲劇、電影和電視劇的製作中，還同時保有相當數量的私人客戶。

莫比說假髮製作過程中最重要的步驟是問這樣一個問題：為什麼客戶需要一頂假髮？一般而言，人們來他這裡購買假髮主要有四方面原因：疾病（目的是給人以健康的形象或隱藏頭髮疾病）、宗教（出於傳統需要而遮住頭髮）、社交壓力（出於順應某種潮流或習俗的願望）、表演需要（需要為角色打造特定的外表）。不同的原因有不同的處理過程。

對於想隱瞞疾病或應對脫髮問題（如化療後）的客戶，假髮製作者必須想盡一切辦法設計出一頂與正常頭髮一樣的假髮。換言之，這種假髮的目的是讓客戶看起來和他們脫髮之前一樣。如果製作者能在客戶脫髮前——比如在化療前——與客戶見一面的話，對假髮製作會很有說明，這樣就可以記錄理想狀態下客戶頭髮的長度、彎曲度、顏色和樣式。事實上，一些還沒做化療的患者可以選擇用自己的頭髮做假髮，只要頭髮足夠強韌且沒有經過永久燙染或拉直。

出於宗教原因而購買假髮的人們的目的往往相反，他們想要的是那種看起來比較明顯的假髮。在美國，出於宗教目的而使用假髮最多的是正統的猶太已婚婦女。在這一宗教傳統中，已婚婦女只能向丈夫和直系親屬展示自己的頭髮，因此從結婚之時開始，她就要遮住頭髮。雖然有許多不同物品（例如頭巾、便帽和禮帽等）可以遮掩頭髮，但假髮（在猶太語中被稱為sheitel）仍然是最常規的一種。假髮製作者會用均勻的褐色或深褐色的頭髮製作最普通的假髮，並用很厚的瀏海來蓋住髮際線。如果使用天然毛髮來製作商業用途的假髮，必須有髮源符合教規的證明，以證明這些毛髮不是來自不潔的動物或有盲目崇拜心理的人。製作這種假髮極具挑戰性，因為設計者必須找到一個平衡點，使社團能夠接受，同時還能吸引顧客。這些假髮不能太逼真，否則就會引起社團其他人的質疑：佩戴者到底有沒有遵守社團對於遮掩頭髮的規定。*1

還有些客戶戴假髮純粹就是為了時尚。今天，用於造型的假髮主要面向女性市場。當頭髮護理成為既耗時又昂貴的日常瑣事時，就凸顯出假髮的便利性了。假髮的主要優點是，在心煩意亂的日子裡，女人們可以從自己收藏的假髮裡選一頂戴上，不需要繁瑣的打扮就能開始新的一天。假髮在非裔美國女性中尤其受歡迎，因為許多非洲人的髮型需要大量護理，一個人有很多頂假髮並且每個月花幾百美元來購買和保養假髮的情況並不罕見。多數情況下，戴假髮是為了時尚和造型，因此需要無可挑剔的設計和工藝，讓外觀看起來盡可能地自然。

雖然莫比的業務大部分來自電影、電視和戲劇中角色所需。正如最好的假髮是專門訂製、編織並且只適合一個人的，故事、戲劇和音樂劇中的角色也是如此。對於戲劇中的角色來說，假髮成就角色：當大衛・蘇歇（David Suchet）粘上抹過很多蠟的兩撇小鬍子後，他就變成了阿嘉莎・克莉絲蒂（Agatha Christie）筆下的比利時偵探赫丘勒・白羅（Hercule Poirot）。當禿頭的史恩・康納萊戴上精心為他準備的假髮後，他就成了詹姆斯・龐德（James Bond）。

如何成就一頂完美的假髮

首先，假髮製作首先需要假髮纖維。任何類型的頭髮或纖維都可以拿來製作假髮——不管是人類的、動物的、植物的還是合成的——只要它足夠強韌，並且長到可以扎起來。為了到達自然的外觀，人類的頭髮是最好的。[*2] 當然，人類頭髮的種類也可以有多種不同的變化。亞洲人的頭髮最強韌，但製作難度也最大，因為它又厚又直，還是黑色的。相比之下，非洲人的頭髮柔軟而光滑，但因其最脆弱，所以也是最不可取的材料。

第一個挑戰就是尋找和收集合適的人類頭髮。目前市場上最自然的頭髮來自南美洲和亞洲。在秘魯，頭髮商人驅車到村莊，在村子中央搭一張桌子，然後向成群結隊的婦女收購頭髮——這些婦女大多貧窮，往往把商人的收購視為重要的創收手段。在印度，婦女把自己的頭髮做為祭品獻給毗濕奴的化身范卡德瓦拉（Venkateswara）——一位能夠赦免罪行的神。據估計，每天有五萬名朝聖者來拜訪印度安德拉邦地區的寺廟，其中有四分之一願意捐獻自己的頭髮，寺廟再把這些頭髮（每天超過一噸）賣給商人。這種頭髮做的假髮是如今高端假髮市場上最便宜的。*3

在剪髮前，捐獻者會把頭髮編成多條馬尾辮，每條馬尾辮再用幾個橡皮筋捆住。頭髮被剪下來之後，這些馬尾辮就被稱為「髮捲」。在剪髮的過程中，讓每根髮幹保持自然的排列方向至關重要，這樣假髮製作者就能夠掌握髮幹角質層的方向。如果將這些頭髮胡亂擺放，不注意角質層的方向，那麼最後不僅會出現異常的掉落，在製作過程中還會彼此糾纏在一起。

收購商將頭髮賣給批發商，而後者經過整理後再把頭髮賣給製作者。整理的第一步是清潔，這是很重要的一步，因為髮捲大多來自貧困者，他們生活的條件並不是那麼衛生。批發商首先會在溫暖的肥皂水裡清洗髮捲，然後用化學試劑消毒或者加熱，以除掉頭髮上的汙垢、油脂、細菌、真菌和昆蟲，最後再用大量清水沖洗髮捲並烘乾。

隨後，批發商把髮捲根據顏色和樣子分為不同類型。頭髮在初級市場的價值因品質、長度和類型而有所不同。最好的假髮原料是「處女髮」，即那些從未染燙過或以任何方式處理過的頭髮，它們被精心呵護，髮幹和角質層都完好無損。有北歐或東歐人血統的女性金色長髮最為昂貴，因為它們最容易被扎在假髮網上，最容易燙捲和拉直，甚至可以配合佩戴者的頭髮顏色進行染色。來自東歐的金色和紅色頭髮的價格（兩英尺長的髮捲價格可達到一百美元甚至更高）與來自秘魯或印度的黑色直髮差異很大（每卷頭髮只要二十美元）。

歐洲人的頭髮可能是最佳選擇（至少對歐洲市場來說），但沒有足夠的供給。因此，批發商不得不用亞洲人的頭髮來補充。然而，這種頭髮雖然供應充足，在染色方面卻因顏色過深而受到限制。為了使這種頭髮的用途更廣泛，批發商會把頭髮漂白並染色。在這個過程中，角質層和皮質層會不同程度地受損，使得髮幹乾枯易折。但即使被這樣處理過，這種頭髮仍然非常好，其品質被認為僅次於天然頭髮。

為了得到良好的效果，假髮製作者經常會把不同來源的毛髮混合在一起。任何一頂假髮上的毛髮都可能來自兩個或兩個以上的人，甚至可能來自不同的動物，如牛、馬和羊等。例如，即使莫比聯繫了全球的頭髮供應商，但仍然無法獲得足夠多的灰色或純白色的天然長髮來製作白色、灰色或帶條紋的假髮。為了滿足這一需求，他會使用犛牛腹部柔順、筆直的白毛。

用動物毛髮是一回事，但假髮製作者往往比較抗拒使用合成纖維。多數人認為，為了獲得最真實最自然的外觀，假髮必須用健康人類的頭髮來製作。雖然合成纖維如今已取得很大的進步，但還沒有達到可以完美複製天然頭髮的程度。例如，即使是最好的合成纖維，髮幹表面看起來依舊不自然。因為它們沒有角質層，缺乏我們希望看到的自然髮質的光澤。另外，合成纖維的熔融溫度也比自然頭髮的低，所以戴假髮的人必須謹慎使用吹風機。此外，因為它們是由塑膠製成，合成纖維容易被有機溶劑所溶解，比如假鬍子。

不過，合成纖維也有一定優勢。它供應充足，幾乎可以達到任何數量、厚度或顏色的要求，並且相對較便宜。由於合成纖維的防水性，它不會在水中或高濕度環境裡改變形狀。而在那些需要假髮、看起來更加明顯又不必十分真實的場合裡，合成纖維（假髮）也有獨特優勢。另外，合成纖維在創作方面的發揮只受限於設計者的想像力和創造力。它可以是任何顏色、厚度、長度、曲度或髮結——既可以是一團鮮豔的爆炸髮型，也可以是層層相疊的白色髮冠，還可以是一頭披肩長髮，恰到好處地掩飾住女人騎馬穿過小鎮時裸露的身體。

我最近訪問愛德蘭絲有限公司時瞭解到，該公司現在正在開發新的合成纖維。這家公司市值十億美元，總部位於東京，專門製作和銷售假髮，占有日本假髮市場百分之四十的份額。[*4] 在那裡，工程師們正在開發一種更逼真的合成纖維。這種新型纖維實際上是由一種纖維嵌在另一種纖維內部而成，內層纖維賦予它更強的拉伸強度。還有種纖維，雖然表面粗糙，就像角質層那樣，卻能反射光線並產生更自然的光澤。還有一種纖維能夠吸收相當於正常頭髮一半的水分，這使得它可以在溫水中彎曲。這些進步表明，合成纖維的用途在未來將變得越來越廣泛，因為它們會具有越來越多的自然特性。

無論是選擇天然材料還是合成材料，一旦確定了頭髮纖維，剩下的就是組裝假髮了。首先要做的是頭座，它可以是一個木製或塑膠製的頭部模型。當然，這裡指的是一般的頭部模型，還有些特殊商店會按照客戶的頭部精確仿製塑膠模型。頭座覆蓋著透明的塑膠膜，塑膠膜上有縱橫交錯的線，以確定面部位置。因此，頭座的尺寸決定了假髮的尺寸和舒適度。太鬆的話，假髮會滑落；太緊的話，長時間佩戴會不舒適。

頭座上覆蓋著一個假髮網（也被稱為「假髮基底」或「基礎」），假髮最終會被繫在上面。髮網由精細的線構成，目的是類比毛囊。在髮網的某些部位，頭髮的密度很低，如假髮的邊緣，網線幾乎是看不見的，這些髮網要麼用上等絲綢製成，要麼用透明的合成纖維製成，要麼是頭髮本身製成；在其他頭髮密集的地方，髮網出更粗、更結實的線構成，這樣可以支撐更多頭髮纖維。髮網的線以菱形的方式排列在一起，再將頭髮纖維一根根地繫在上面。假髮會用到三萬至四萬根頭髮，根據工人製作技術的熟練程度，製作一頂假髮可能需要兩週或更長的時間。

有兩種方法可以將頭髮繫到髮網上。在第一種方法中，用打結針以單結或雙結的方式把頭髮綁在髮網線上。頭髮綁到髮網（無論是左邊、右邊、前面還是後面）上的方式會極大地影響頭髮的掉落程度，因此需要根據頭部的不同位置改變打結的方向。第二種方法是用緯紗或紡線。

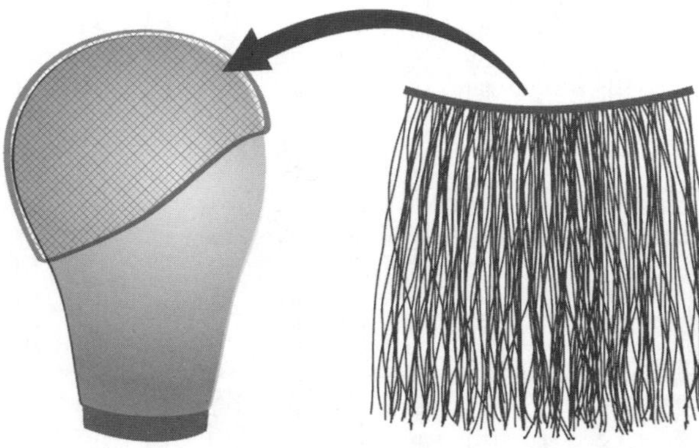

假髮製作者的工具。假髮製作者要麼把假髮一根根地綁到髮網上，要麼把帶有假髮的緯紗蓋在髮網上，而緯紗有時候是由工廠製造的。（馬克・塞巴繪製並授權使用）

緯紗看起來像掛滿了頭髮的晾衣繩。由於獲得假髮緯紗非常便利，可以快速且廉價地在工廠中批量生產，因此把多層緯紗蓋在髮網上就可以快速製做出假髮。緯紗用在假髮頭髮密集的地方（比如頭頂和腦後）效果最好，因為其棱紋不會被看到，但儘量不要出現在頭髮稀疏處或假髮的邊緣。做出一頂逼真假髮的訣竅在於能精確捕捉正常頭髮的微妙變化，包括頭髮的分縫、髮旋和額前亂髮。其中一項要求就是使假髮的邊緣看起來和正常的髮際線一樣，頭髮稀疏，排列分散，顏色很淺。要到達自然的效果需要花費大量精力，手藝差些的假髮製作者有時會變通一下，用前額的瀏海或兩側、後頸的長髮來遮掩緯紗產生的明顯邊界。另一個會讓假髮穿幫的地方是假髮只有一種顏色或紋理，任何正常頭皮產生的頭髮纖維都有不同的顏色和紋理。要複現自然狀態下頭髮的多樣性，必須混用不同顏色的頭髮來模仿頭頂的淺色頭髮，那裡會在陽光下產生自然的光澤。

當髮網被綁滿頭髮後，美容師就會通過修剪、燙髮和染髮來給假髮做造型。這種活不是普通美容師或理髮師能做的，只有非常熟悉假髮製作的人才能勝任，因為即使一個小小的失誤（比如梳假髮梳得太深），也會把髮網扯壞並徹底毀了這頂假髮。保養時同樣需要小心翼翼，因為假髮需要定期清洗、復原和修復。在戲劇界，演員權益工會要求假髮每使用一四次就必須清洗一次。做工好又護理得當的假髮可以用好幾年，但必須定期和精心呵護，就像所有藝術品一樣。

假髮不局限於頭部

一聽到「假髮」這個詞，大多數人都認為那是遮蓋頭部的東西，但實際上假髮並不局限於頭髮。例如，除了設計戲劇用的假髮外，莫比和他的團隊還負責製作角色面部所需的毛髮，例如眉毛、睫毛、唇上鬚、山羊鬍、連鬢鬍和大鬍子。無論是來自人類、動物還是合成纖維，這些結構所需的毛髮都比頭髮更粗糙、更短也更捲曲。假髮製作者必須明白，臉部的毛髮在結構和顏色上與頭髮不同，例如鬍子，可能會更黃、更紅或更灰。[*5] 假睫毛是用緯紗製成的，上面布滿了短小、深色、略微彎曲的纖維，應用於眼瞼邊緣。任何體毛——無論是長在胳膊、腿部還是胸部——都可以用互相交織的捲曲短毛來代替，甚至連陰毛都可以做。陰部的假毛被稱為「假陰毛」，其歷史可以追溯到中世紀。當時的妓女為了避免滋生蝨子，往往剃光陰部毛髮，但又經常需要東西掩蓋皮膚上可見的性病痕跡，因此需要假陰毛。今天，演員往往在電影和舞臺上使用假陰毛，以免在大尺度場景中不慎走光。

無論用在身體哪裡，假髮都不便宜，其價格成本包括設計費、毛髮和纖維原料費以及漫長而枯燥的編織過程中產生的人工費用，並且價格波動幅度很大——每頂假髮從五十美元到五千美元不等。此外，許多假髮佩戴者都擁有多頂假髮，這樣可以在清潔和維護期間替換使用。一次性假髮的維護成本可以稍微降低些，但它們沒有永久性假髮耐用，而且佩戴者每年需要購買四到十二頂，總體費用加起來就不少了。假髮製造行業的規模很難估計，因為製作過程分散，而且涉及眾多參與者：頭髮商、批發商、纖維製造商、假髮設計師、假髮編織工以及假髮美容師，但據從業者估計，假髮的世界市場份額接近五十億美元。[*6]

任何人在看到演員在舞臺上扮演的角色或者至親在化療後因假髮而重拾信心後都會認識到

假髮的魔力。戴假髮的舉動雖簡單，卻蘊含著改變一個人的力量。假髮的製作者都很優秀，像莫比這樣的假髮大師不僅是敏銳的觀察者，同時也是真正的藝術家。

那麼，頭髮本身是藝術嗎？

第10章——死亡紀念品

二〇〇七年，亞伯拉罕·林肯總統的一綹頭髮賣出了一一〇九五美元。

二〇〇七年匙十月二十五日，達拉斯文物拍賣行拍出了一綹從革命領袖切·格瓦拉遺體上取下來的黑髮。唯一的競標者比爾·巴特勒（Bill Butler）是一位圖書經銷商，他為這件拍賣品支付了令人吃驚的一一九五〇〇美元。當時，巴特勒聲稱自己希望把這位偉大領袖的一件私人物品加入其收集的「二十世紀六〇年代紀念品」中。那一年早些時候，該拍賣行還分別以一一〇九五美元和四四八一二美元賣出亞伯拉罕·林肯總統和南部聯邦將軍J.E.B.史都華（J.E.B. Stuart）的頭髮。名人們的頭髮都很值錢。[*1] 但是，為什麼呢？

頭髮與靈魂的詭異傳說

對於收藏家來說，頭髮代表著主人的靈魂。通過擁有頭髮，收藏家覺得他們擁有了頭髮主人的一部分。在許多不同的文化中，無論是過去還是現在，頭髮都象徵著一個人的生命力。在各種神話和文化裡，人們也能發現靈魂寄宿於頭髮、既能依附身體又能從身體分離的描述。*2比如，希臘神話中的謨涅摩敘涅（Mnemosyne）女神就把她那些非凡的記憶貯藏在長長的頭髮裡。在聖經故事裡，參孫（Samson）的力量不是來自肌肉，而是來自頭髮，因此當他的愛人把他的頭髮剪掉後，他便失去了神力，直到頭髮重新長出來。在日本傳統裡，相撲手的力量也寄宿在他的頭髮裡，因此當他們在退役儀式上剪掉長頭髮時，就表明其職業生涯正式結束。許多人認為，人類的靈魂與頭髮有莫大關聯，因此傷害一個人的頭髮——儘管它已經脫離身體——就能傷害這個人的本體。西非的約魯巴人[38]會小心翼翼地看護他們剪下來的頭髮，唯恐居心叵測的人染指寄宿於頭髮中的靈魂並以此操控他們。在許多文化的民間傳說裡都有邪惡巫師（或

---

38 西非的奈及利亞民族。總人口約二一八五萬（一九九五年統計資料），為奈及利亞第二大民族。主要分布在西部和西南部，另有少數分布在貝南、多哥和迦納。

女巫）的故事。他們對取來的頭髮施展某種愛情魔法，頭髮的主人就無法抵抗他們的誘惑。頭髮還被用來誠心祈願。日本的女性會在神殿中獻上自己的頭髮，以祈求愛人平安歸來；現代的印度女性也會把頭髮捐給寺廟，以抵償罪孽。

悼念飾品，時尚潮流？

長久以來，人們都把頭髮做為記憶的點滴或宗教物品來愛護，但其魅力真正開始普及是在英國內戰[39]時期國王查理一世被處死後。支持過國王的市民在佩戴的飾品上鑲嵌上已過世的統治者的頭髮，既表現了哀悼之情，也表達一種政治訴求。很快，這一習俗超越政治範疇，人們開始為自己的親人做類似的悼念飾品。這些所謂的「象徵死亡的碎片」（拉丁語「凡人皆有一死」），通常是一個懸掛在黑色絲絨帶上的小金盒。盒子表面裝有親人的頭髮，頭髮會被擺成代表死亡的符號，如一個小棺材、骷髏、沙漏或掘墓人的鏟子。鐫刻在盒子中心的是死者的名字。其中，維多利亞女王是使用這種悼念飾品最著名的人物之一。她不僅在大英帝國最偉大的

39　英國內戰，一六四二至一六五一年在英國議會派與保皇派之間發生的一系列武裝衝突及政治鬥爭。英國輝格黨稱其為「清教徒革命」，馬克思主義史觀稱其為「英國資產階級革命」。內戰結束後，封建勢力領袖查理一世國王於一六四九年一月三十日被判處死刑。

時代長期統治，還有一段不尋常的婚姻（以王室的婚姻標準來看）。她的丈夫是薩克森—科堡—哥達王朝的阿爾伯特親王，是一位受過良好教育、有創新精神的進步學者，同時也是她不可或缺的顧問。當他在一八六一年去世時，維多利亞女王陷入了漫長而深切的悲痛中。雖然她沒能完全忘記喪夫之痛，但在把阿爾伯特的頭髮裝進掛墜盒、墜飾和戒指裡隨身攜帶之後，她還是找到了一些慰藉。

愛情的信物

也許是受到維多利亞女王的影響，十九世紀的美國婦女也開始重視頭髮的精神屬性。對她們而言，剪掉的頭髮可以用來傳遞友誼、愛、哀悼和家庭紐帶等資訊。她們把親人的頭髮放進佩戴的飾品中，掛在牆上的相框或夾進桌子、書架上的相冊中，以此讓親人每天都伴隨在身邊。馬莎·華盛頓（Martha Washington）[40]是一位頭髮飾品的狂熱愛好者，會把從政府來訪者身上得到的頭髮放進掛墜盒或相框裡。[*3]第二任美國總統約翰·亞當斯（John Adams）的妻子艾碧

40 美國第一任總統華盛頓的夫人。

髒辮。依靠人類頭髮具有的黏結特性和角質層編成的髮型。（由醫藥部皮膚科公共衛生學碩士安德魯・阿萊克希斯授權使用）

該・亞當斯（Abigail Adams）有一枚裝著自己、丈夫和兒子頭髮的胸針。維多利亞時代的詩人羅伯特・白朗寧（Robert Browning）戴著一枚金戒指，裡面裝有他和妻子伊莉莎白・巴雷特・白朗寧（Elizabeth Barrett Browning）纏繞在一起的頭髮，指環上刻有「上帝保佑你，一八六一年六月二十九日」的字樣，這正是他妻子伊莉莎白去世的日子。*4

但頭髮早已不僅僅象徵友誼、親情或哀悼之情了。在歷史上，交換頭髮對戀人們也有重要意義，雖然方式不盡相同。在某些情況下，當一個害羞的年輕人向一個女人索要頭髮時，他實際上是在求婚。不過，也有些花花公子（心思根本不在結婚上）只是想以此記錄他們所征服過的女人。此外，婦女也將頭髮當作一種勾引情人的工具。卡洛琳・蘭姆（Caroline Lamb）夫人為了炫耀她和拜倫勳爵（Lord Byron）之間時斷時續的戀情，把自己的陰毛放進一個有拜倫肖像的小金盒裡寄給他。*5 雖然紀錄沒有直接顯示拜倫如何處理這件事，但此事過後不久他就斷絕了與卡洛琳的關係。

在關係要好時，人們會佩戴著愛人的頭髮，一旦激情耗盡，頭髮信物也立即變味了。看看英國詩人約翰・多恩（John Donne）在一六三三年寫的詩〈葬禮〉（The Funeral）吧。在這首詩裡，被拒絕的人要求「無論誰來裝殮我，請勿弄脫，也不要多打聽，我臂上那卷柔髮編的金鐲」。纏繞在他手臂上的髮環來自他曾經的戀人，現在卻對他如此決絕。這首詩雖沒有清楚說明為什麼戀人要贈予頭髮，但我們可以假設這曾是愛情的信物（或至少有這樣的意圖）。在最後一行，他輕蔑地說，「你不救我全身，我埋葬你的部分」。在這段逝去的愛戀裡，頭髮不只是愛情的象徵，更是曾經戀人真實的一部分。所以，在最後，他以此復仇。

要做這樣的頭髮紀念品，人們通常需要收集一綹頭髮（無論是從自己、死者還是有深厚感情的人身上），在沸水裡清洗乾淨，然後將之曬乾，再按照藝術造型進行重塑。在某些情況下，頭髮會被碾碎，再用膠水混合，最後做為一種顏料來創造藝術品。人們也會將頭髮製作成富有創意的抽象圖案，然後放進信件和相簿裡，旁邊再用詩歌、散文或繪畫的形式加上批注。

雖然這種頭髮的創意藝術一開始是種廉價的東西，人人都可參與，但它最終成為那些既有時間鑽研這門手藝又有摯友分享成果的中產階級婦女的專長。到了十九世紀中葉，對頭髮藝術的需求大增，許多婦女甚至尋求專業藝術家的幫助來完成這項工作。隨著專業人士的指導，這項藝術變得越來越普及，個人色彩也越來越少，商業色彩則越來越重。然而，它並沒有因此而變得更便宜。對於購買者來說，專業製作的頭髮飾品很昂貴。一八五五年的一期《戈德淑女雜誌》推銷的悼念項鍊價格從四至七美元不等，而當時美國的人均財富是三百美元多一點。[*6]十九世紀後期，頭髮飾品的熱潮褪去，部分是因為女性有了外出機會以及記錄個人形象的新載體：相片。在二十世紀初，人們對死亡紀念物的興趣幾乎徹底消失。最終，這種紀念品淪為病態、多愁善感、平淡無奇的老古董。

頭髮藝術品

在美國密蘇里州西部的獨立城，有一座紅磚砌成的簡易單層建築，它沿主要高速路而建，裡面收藏著我們這個年代已知的最大的頭髮藝術品。這座頭髮博物館由三個大房間組成，每個房間的牆壁上都掛著裝裱起來的藝術作品，地面上放著玻璃展示櫃。博物館的創始人蕾拉•科恩（Leila Cohoon）曾是髮型師和美容院老闆，她從六十年前就開始收集頭髮藝術品。當時，她正打算去買鞋子，路過一家陳列著頭髮浮雕的古董店，於是她把買鞋的一百三十五美元用來買了浮雕。科恩繼續用她能從古董銷售會、拍賣會、舊貨攤以及靠口耳相傳獲得的一切頭髮藝術品擴充她的收藏。[*7]

科恩的收藏包括頭髮浮雕和用頭髮做成的各種首飾，如錶鏈、耳環、吊墜、戒指、吊墜盒、胸針和別針。其中，最大的作品是裝裱起來的髮環浮雕，這也是最具代表性的藏品：一幅五英寸×五英寸的金框壁掛，壁掛的中心是一個用許多葉片狀的深棕色頭髮交疊而成的馬蹄。壁掛的背面有「媽媽和爸爸」的字樣。這種髮環浮雕很受歡迎，每個家庭成員都會用自己的頭髮做一個葉片，然後由藝術家標注上他的名字及和相鄰葉片的關係，當作一種家譜。當家庭成員都貢獻出頭髮後，藝術家就可以製作馬蹄了，最後塑造出一個完整的花環。近年來，新一代的藝術家用頭髮做為媒介表現的藝術遠遠超出紀念首飾的範疇。雖然大多數人都習慣於把動物毛髮當作藝術品的中間介質，但人類毛髮也已成為表達藝術內涵不可或缺的一部分。與紙、木頭、油漆、黏土、石頭、青銅、金屬和塑膠不同，頭髮來自一個活生生的、會思考的、會哭會笑的人，所以當它做為一種材料被使用時，人們的第一反應是：這是誰的頭髮？他為

左圖：谷文達的《聯合國：千禧年的巴比倫塔》。圖片裡的巨大雕塑來自藝術家谷文達的聯合國系列作品。在這個系列裡，谷文達希望收集全世界不同人種的頭髮，然後把它們運用到同一幅作品裡。塔中垂掛下來的布幔上裝飾的是用捐獻者的頭髮製成的仿漢字，英語、印地語和阿拉伯語文字。（由谷文達授權使用）
右圖：家族的發環浮雕。家族成員都向藝術家提供一些頭髮，然後由藝術家把頭髮製成花環形狀。（取自蕾拉．科恩的收藏，由亞當．格林拍攝，使用已獲得授權）

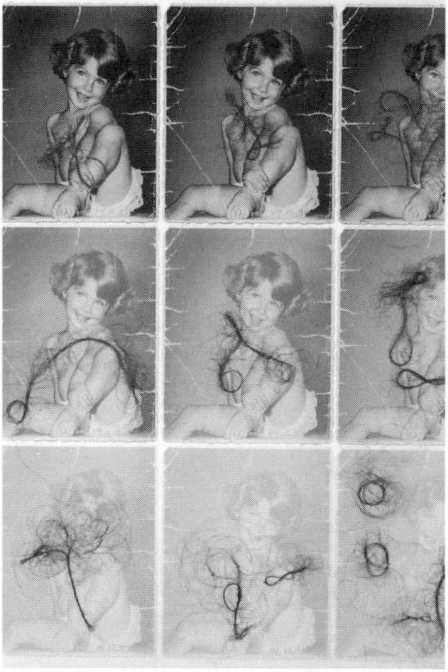

〈一個關於美麗的問題〉。生命和青春會不斷黯淡，而悼念飾品裡頭髮卻可以長久地保存下來。（由藝術家巴布斯・瑞格德授權使用）

什麼要這麼做？頭髮藝術家卡珊德拉・霍頓（Cassandra Holden）表示：「由於其強烈的人體特徵，人們往往不願意看到頭髮與人體分離。」[8]

在藝術領域中，頭髮有許多不同的應用。[9] 藝術家艾爾西亞・莫菲—普萊斯（Althea Murphy-Price）善於將散亂的頭髮塑造成不同的形狀。泰瑞・柏迪（Terry Boddie）將頭髮傳遞資訊具象化——他用頭髮做成字母，然後組成詞語。巴布斯・瑞格德（Babs Reingold）在作品〈一個關於美麗的問題〉中用一張張小孩逐漸褪色的照片與一綹絲毫未變的金色頭髮進行對比，以此展現生命的無常與頭髮的永恆。在一九九〇年名為〈無題〉的作品裡，美國觀念藝術家湯姆・佛里曼（Tom Friedman）展示了一塊普通的白色肥皂，裡面嵌有他的陰毛。為了強調非洲人在當時社會結構中的地位，藝術家姍雅・克拉克（Sanya Clark）把非洲人的頭髮織入 面聯邦旗幟和一把家用籐椅裡，並以此做為作品展示。

在大量把人類頭髮用做媒介的作品中，以上只是很小的一部分。通過使用具有強烈個人色彩的物品元素——也許是和身體最親密的部分——這些藝術作品在哲學、社會、政治和道德層面發出了振聾發聵的聲音。它們表明，頭髮在離開身體後，仍能傳遞出豐富的資訊，就像它未離開前一樣。

藝術家只關心頭髮的性質和它傳達的資訊，接下來的一群人則更關心頭髮如何滿足人類的需求。我們首先來看看這些人中最有膽略的一部分：毛皮獵人、毛皮商人以及為巨大的歐洲市場尋找更多海狸的探險家們。

上圖：〈無題〉，湯姆‧佛里曼的雕刻作品。他把自己的陰毛嵌在一塊肥皂裡。（由藝術家盧赫靈‧奧古斯汀和史蒂芬‧佛里曼畫廊授權使用））
下圖：黑髮椅和黑髮旗。在南部聯邦的旗幟裡，藝術家諷刺地使用了非裔美國黑人的頭髮，象徵黑人在社會中無法擺脫的奴隸身分。（由藝術家姍雅‧克拉克創作，藏於維吉尼亞州精美藝術博物館。由泰勒‧達布尼拍攝，使用已獲得授權）

三・毛髮改變世界

第11章——海狸皮與地理大發現

由於毛髮生長的週期性，一隻動物的毛皮一年只能收穫一次。

就像頭髮一樣，我們身上穿戴的動物毛皮也同樣重要。大約十萬年前[*1]，當早期的人類從非洲遷徙到氣候更寒冷的地方，就需要一些抵禦寒風的東西。起初，人們最容易獲得的禦寒衣物來自被食用掉的動物剩下的毛皮（即帶有軟毛的皮膚），也就是說，獵物的毛皮成了人類的衣物。雖然任何動物的毛皮都可以禦寒，但最容易獵到的哺乳動物往往是人類的第一選擇。人們只要一發現獵物，很快就可以穿上它們的毛皮：除去附著的組織取得毛皮，然後將之晾乾、軟化，就可以直接穿上身了。

早期的人類只能從獵殺的動物身上收集毛皮，但自從九千年前人類學會蓄養牲畜開始，這項工作就變得容易多了。這一具有里程碑意義的事件使得人類為了禦寒和飽腹而獵殺動物的行為有所減少，在某些地區甚至消失了。合理利用豢養的動物就能獲得動物的毛皮：牛和豬可以提供皮革，綿羊和山羊可以提供毛皮。但不幸的是，最珍貴和毛皮最濃厚的動物不容易馴養。這些動物往往生活在氣候嚴寒、環境惡劣的北方，它們依靠身上厚實的毛皮度過凜冬。

維京人與條頓騎士團：為了毛皮東征

從古典時期開始，地中海沿岸繁榮地區（希臘、羅馬和阿拉伯）的人們需要各種各樣的野生動物毛皮，而生活在北歐、斯堪地那維亞和俄羅斯地區寒冷森林裡的居民則供應這些毛皮。八世紀中期（甚至在維京人大肆劫掠之前），瑞典的維京人占據了波羅的海東部沿岸，他們在那裡與沿著伏爾加河、頓河北上的西歐人和阿拉伯商人通商。阿拉伯人尋求奴隸和毛皮，維京人則想要高品質的阿拉伯銀器和銀幣。這種貿易（斯堪地那維亞人的確是在交換而不是劫掠）一定程度上促使瑞典的維京人進一步向東部和南部推進，繼而打開君士坦丁堡的大門，進入其市場。進入俄羅斯地區的維京人很快被當地人同化，只留下些許兩大文化融合的歷史痕跡和世代遺傳的藍眼睛。

中世紀後期，東征的十字軍從聖地歸來，他們目睹了伊斯蘭世界人民的時髦新生活，也開始用皮草裝飾自己。由此，毛皮的西方新市場打開了。這個市場的主要毛皮供應者依然是斯堪地那維亞、德國東部、俄羅斯以及西伯利亞的獵人。要把毛皮（包括紫貂皮、白貂皮、狐狸皮、貂皮、水獺皮和松鼠皮）運到城鎮市場可不是容易的事，不僅因為沿途的航線危險，也因為途中神出鬼沒的海盜。為了發展皮貨貿易，一個安全的分銷體系至關重要。因此出現了一些組織，專門捍衛西方市場和東北歐供應商之間的商路。來自耶路撒冷的德意志聖瑪麗醫院騎士團（簡稱條頓騎士團）便是其中之一。

條頓騎士團是羅馬天主教下屬的軍事組織，原先是為了保護和援助去聖地朝聖的基督徒。受到那個時代宗教狂熱的影響，騎士們也開始把向東歐人民傳教視為己任，只不過他們採用了自己最拿手的方式：軍事策略。在他們的全盛時期，即十二至十五世紀，條頓騎士團從東方購買皮草，沿著伏爾加河到波羅的海那些有毛皮貿易的城池一路向北運送，然後在歐洲和英國的西方市場上賣出，由此積累了大筆財富。

海狸帽狂熱

毛皮貿易從一開始就對英國經濟至關重要，國王愛德華三世為了支持這種貿易，於一三二七年在倫敦建立了一個名為「高級皮革公會」的行會。王室制定政策，鼓勵皮革商尋找價格最優惠的供應商。一四〇八年，亨利四世授權一個英國商人行會與各種進口組織進行交涉，其中大概也包括條頓騎士團。一個世紀之後，國王亨利八世認為自己還能做得更好，於是指示皮革商繞

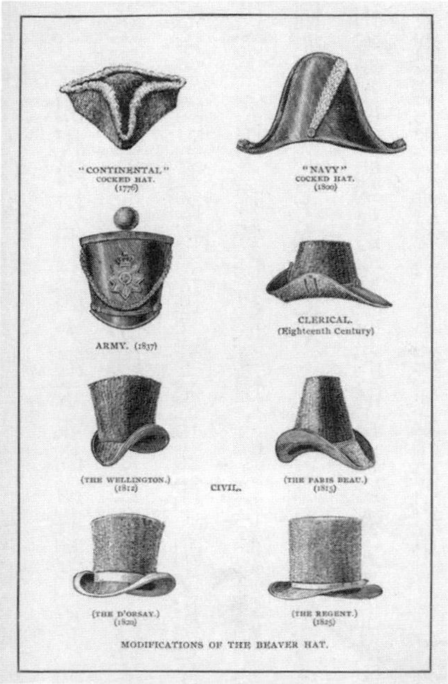

海狸帽的變種。海狸皮市場是依託著帽子需求建立的，帽子的樣式需求多種多樣。

開中間商，直接與俄國沙皇伊凡四世協商毛皮進口事宜。

歐洲和阿拉伯的商人渴求並高價收購毛皮，一般是為了穿出去炫耀，而非出於實用或日常穿著。在過去，毛皮可以用來區分社會階層，統治階級頒布禁奢法令，限制普通人獲得和使用毛皮。國王愛德華三世甚至頒布法律，明文規定什麼人可以穿什麼樣的毛皮：哪些特殊毛皮專供國王享用，哪些供貴族享用，哪些供高級神職人員享用。在許多國家，紫貂皮僅限國王使用。例如，即使在十六世紀末，德國各州執行的禁奢法令依然規定商人不得穿戴高級皮草——貂皮和雪貂皮，儘管這個階層的財富和影響力日益壯大。中產階級可以穿羊皮、狐皮、鼬皮和其他廉價的毛皮，普通市民不能穿戴任何皮草。

儘管王室、貴族、教士和富商喜歡用各種各樣具有異國情調的毛皮來裝飾長袍，但在十六世紀，歐洲社會需求量最大的卻是海狸皮。一直以來，歐洲人都對海狸那濃密的毛皮青睞有加，後者主要由短小而精緻的毛髮纖維構成。對海狸皮的需求多數來自製帽行業。在十六世紀，一頂合適的海狸皮帽子無論對事業有成的男性還是仍在奮鬥的男性而言都是不可或缺的。這種帽子是地位和財富的象徵，因此無論是在家裡還是室外、在教堂還是餐桌上，男士們都要戴著。帽子有不同的風格：有寬有窄，有高的有扁的，有鑲邊的也有輪廓筆直的，有的雍容華貴，有的樸實無華……它們唯一的共同點便是都相當昂貴。做為十七世紀倫敦著名的作家兼敗家子，塞繆爾・皮普斯（Samuel Pepys）抱怨自己不得不花費年薪的百分之一買「海狸帽」。[*2] 事實上，這些海狸帽都價值不菲，以至它們經常做為遺產出現在遺囑裡。

這些帽子價格如此昂貴，是因為它們耗費了大量勞動。其中一個步驟涉及角質層。海狸毛皮的角質層並不明顯，帽匠發現，要達到最佳的縮絨效果，他們必須打開角質層。其中一種處理方法是氈合預處理，這種方法需要往毛皮添加汞鹽。雖然汞鹽能有效打開角質層並有助縮絨處理，但其過程中產生的煙霧有損工人的健康。暴露其中的帽匠常會出現嚴重的神經性汞中毒症狀，包括行動困難、語言障礙、視覺扭曲和精神錯亂。因為中毒在這一行業裡非常普遍，以至於出現了「瘋帽匠」[41] 這樣的習語。這種狀況可不像路易斯・卡洛爾（Lewis Carroll）在《愛麗絲夢遊仙境》中描繪的午茶派對那樣輕鬆愉快。在氈合預處理之後，纖維被刮掉或從皮膚上拔掉，然後進行氈化處理，再塑造成帽子的形狀，然後重新黏結。最後，帽子被浸泡在一種含有醋、板栗葉和膠水的定型溶液裡。大多數的帽子被染成黑色，在某些情況下，它們還會被塗上防水樹脂、蜂蠟或板油。定型之後，帽子會變得很堅硬，據說甚至可以支撐一個兩百磅的男子。

41「瘋帽匠」是《愛麗絲夢遊仙記》中的主要角色之一，擅長製帽與剪裁，性格怪誕、瘋癲，為人直率而真誠，是愛麗絲在奇幻仙境中最重要的朋友。茶話會是書中重要情節。

此外，它們還極其耐用，因此當時幾乎每個人都想擁有一頂。

美洲新世界的毛皮誘惑

不幸的是，雖然對海狸皮的需求越來越大，但它的供應量在減少。幾個世紀的過度狩獵和對動物棲息地的破壞，導致北歐森林裡的動物急劇減少。到十七世紀初，西歐的海狸種群基本上已經滅絕，斯堪地那維亞、波羅的海、俄羅斯周邊的流域和森林的也瀕臨滅絕。這時候有傳言說，美洲新世界的森林裡有大量新鮮貨源，於是人們立刻起航前往。

美洲的海狸毛皮貿易始於北美的海岸。這裡遠離大陸，位於鱈魚角和新斯科細亞之間的「喬治沙洲」，是一處巨大的水下山脈。由於潮汐作用，這裡成了世界上生物多樣性最豐富的海域。富有營養的海水孕育了巨大的魚群，有鯡魚、黑線鱈、鱈魚以及其他歐洲漁民很喜歡的魚類。為了保存漁獲，漁民在每次捕到魚後都會花費數週甚至數月，到岸上把魚曬乾或醃製好。他們偶爾會碰到披著毛皮外衣的土著，後者願意用身上的毛皮交換西方的裝飾品、金屬工具和衣物。起初，這種貿易只是那些敢於長途航行的漁民的額外福利，但隨著時間的推移，他們意識到這種交換的巨大價值。於是，這種偶然開始的易貨交易變成了一個獨立的行業，且比打魚更有利可圖。這塊新大陸到處都是毛皮的故事漸漸傳回歐洲，一時間謠言四起，說在大西洋和太平洋之間的北美大陸叢林裡生活著五千萬隻以上的海狸，還有許多其他擁有優質毛皮的動物，它們密佈於從北極凍原到加利福尼亞灣之間廣大的土地。[*3]只要你敢來，毛皮就唾手可得。自那時起，持續兩百年的「淘金熱」開始蓬勃發展。

荷蘭、瑞典、英國以及一小部分西班牙殖民者牛刀小試，獲利頗豐。其中，法屬加拿大商人參與時間最早，取得的成就也最大。美洲土著不僅和歐洲人交易，也和自己人交易。由於地域和文化障礙，交易雙方的協商困難重重，而且內部又常常爆發競爭。不同派別和利益的糾葛使得北美的毛皮貿易異常複雜，其間充滿鬥爭與衝突、同盟的締結與破裂、市場的蓬勃發展與破產以及殖民地和社會體系的建立與毀滅。

最初的貿易由兩組商人不定期的物物交換構成：捕獲並帶來毛皮的北美土著和製造並帶來交換品的歐洲人。隨著時間的推移，交易地點固定下來。第一個規定的交易港口在泰道沙克，位於聖羅倫斯河北岸，隨後逆流而上擴展至魁北克、三河鎮以及蒙特利爾的貿易堡壘。雖然缺乏關於第一次貿易的確切史料，但這些地區出土的歐洲裝飾品表明十六世紀末這裡確實盛行物物交易。[*4]北美新世界的毛皮幾經到手到達東部，歐洲商品又經過各行各業到達西部。兩邊的商人都依靠複雜的中間人從海岸到內陸再回到海岸聯繫。休倫人、易洛魁人、薩斯奎哈納人、波瓦坦人以及切羅基人都是早期東方毛皮貿易中傑出的中間人，他們捕獲、購買甚至從內陸地區劫掠海狸皮，並在前往東部海岸港口的路上賣給別人。

早在歐洲人到來前，北美土著間的交流和易物就已經大規模展開了，所以從貿易中獲利的消息很快就傳遍北美所有部落。[*5] 十七世紀的法國探險家、魁北克城的建立者塞繆爾・尚普蘭（Samuel Champlain）發現在他一六〇三年到達這裡之前，大陸內部的毛皮貿易就已經很活躍了。而繼續向西挺進至詹姆斯灣海岸（哈德遜灣向下凸出的部分）的歐洲人在一六一一年也得出了相同的結論。

美洲土著獵人深知海狸的習性。他們知道海狸香（海狸的肛周腺體分泌物）對其他海狸具有很大吸引力，可以做為一種常見誘餌。

為了捕捉海狸，獵人會先在一根樹枝上塗滿海狸香，然後靜候獵物的到來。美洲土著一直以來都用棍棒或長矛捕殺海狸，但他們很快就開始使用歐洲人帶來的金屬陷阱，並把其放置在海狸巢穴的入口附近。海狸踩到裝置就會觸發陷阱的鐵爪，夾住它的腿。受驚的海狸第一反應是潛入深水，但當它跳入水裡時，會把沉重的陷阱一併拽進水中。這樣，獵人就可以在第二天早晨收集淹死的海狸了。

在早期的貿易中，人們會在捕獲地點當場將海狸剝皮。海狸屍體被仰面放置，爪子都被切掉，然後從下巴處下刀，沿著肚子一直割到尾巴處，之後就像脫衣服一樣把皮剝下來。獵人把毛皮帶回營地，再由族中婦女作進一步處理。她們用扁平的石頭、磨過的骨頭或貝殼刮去皮上的血肉和脂肪，整個過程都必須保持小心，以防刮掉髮根。清理過的毛皮會被掛在呈U形彎曲的樹枝上拉伸，然後自然風乾數週。在那之後，再用鹼性灰、動物脂肪和大腦提取物的混合物軟化僵硬的海狸皮，然後揉搓捶打，最後再去掉那些摻雜在優質短毛裡的粗糙長毛。通常這些多餘的毛都可以用手拔掉，但也可以通過徹底的打磨來去除。商人把這種磨過的皮稱為「成品海狸皮」，因為這些皮已經可以立即使用了。處理後的毛皮被裝入獨木舟帶到中間人那裡。然後，這些中間人就會一直向東航行，直到遇到歐洲商人和他們的遠洋航船。

優質的海狸毛皮由纖細的下層絨毛和粗長筆直的上層硬毛組成。（作者收藏，海狸皮由加拿大皮草委員會的艾倫・赫爾斯科維奇提供）

一般情況下，印第安人只捕獵適量的動物，以供食用和製衣。但後來，面對歐洲人的誘惑，他們拋棄傳統和理智，大量獵殺海狸用於交換。為了增加產量，獵人有時候會毀掉整個巢穴獵殺所有海狸，不分公母老幼，一律用棍棒、長矛和獵槍殺死。到了十八世紀四〇年代，北美洲叢林裡的海狸數量急劇下降，就如同三百年前曾在歐洲的叢林裡發生的那樣。不久之後，海狸皮貿易崩潰了。

為了獲得西部寒冷地區那些品質更好的動物毛皮，也因為東部海狸資源的消耗殆盡，海狸獵人開始向西部進發。靠著這種對毛皮的渴求——在毛皮源頭和市場之間不斷往返——法國的毛皮商人跟隨印第安人的足跡，為即將到來的歐洲侵略者們繪製出新大陸的地圖。因此，說海狸催生了北美洲的第一張地圖一點都不誇張。如今，加拿大的五分硬幣上印刻的海狸像就是對其偉大功績的紀念。

美洲新大陸對工業產品的需求增長，由此激發歐洲工業的飛速發展。一方面，加工海狸皮製成帽子需要多個行業參與：從把成捆的毛皮從聖羅倫斯河運到歐洲的城市和工廠，加工毛皮並最終把成品運往市場。另一方面，用於交換毛皮的物品（包括金屬工具、槍支彈藥、陶瓷器皿以及玻璃飾品和毛毯之類的編織品）也需要製造。貿易同時又刺激了金融業，因為移民、捕獵者和商人都需要原始資本。不管從哪個方面來看，對歐洲人和北美人民來說，毛皮貿易都像一針經濟強心劑。

現在，當然會有人批評毛皮的使用和加工。自二十世紀六〇年代末開始，已經有越來越多

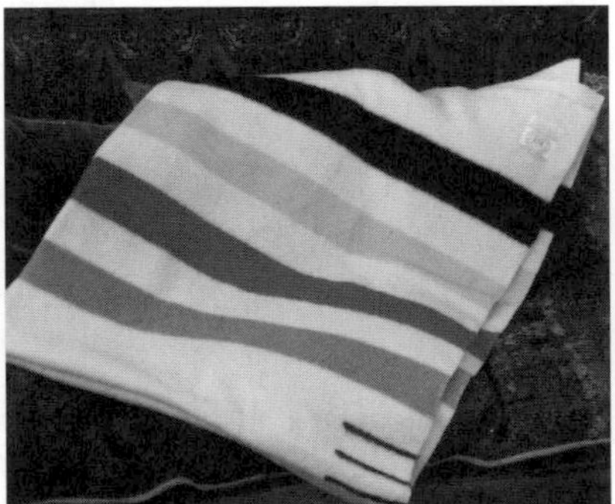

哈德遜灣毛毯。這是哈德遜灣貿易公司以前用於與印第安人進行易貨貿易的商品之一。（作者收藏）

的呼聲反對使用皮草，尤其反對獵殺和製作毛皮。這其中有兩個陣營：一部分人堅持認為任何使用動物毛皮的行為都是不道德的，奧地利和瑞士等國家就已通過法律禁止皮草牧業。另一部分人雖然能夠接受使用毛皮，但也認為必須實行更高的動物保護標準。毛皮工業已經制定出指導方針（如「最佳管理守則」），旨在提高農場的動物管理，並保證在野外捕獲的動物得到人道的對待。而同情毛皮行業的人則認為，在棲息地日益縮小的今天，野外狩獵是控制動物數量的一個「綠色」手段。[*6]

無論如何，如今的人們依然有皮草需求。世界上百分之八十五的動物毛皮製品來自牧場養殖的動物，其中絕大多數又來自歐洲。美國現有超過三百個養貂農場，每年能生產近斯三百萬張貂皮。皮草的全球銷售額在二〇一二至二〇一三年達到四百億美元，其中中國和俄國的銷售額尤其巨大，而且這個市場還在不斷擴大。[*7]資本家們把市場的擴大歸因於皮草越來越親民的價格以及各種社交場合對皮草的歡迎：今天，人們不僅在正式場合（如交際舞會）穿著皮草，也會在更隨意的場合（比如旁觀體育比賽時）穿。

在很早以前，人們就已經發現他們可以在不殺死動物的前提下享受到動物毛皮的好處，關鍵在於毛髮從業工人。他們是一群手藝工匠，能夠將剃下來的毛髮轉換成衣物。簡單來說，就是紡織工人。

第12章——羊毛上的帝國

羊毛為許多人帶來了財富，其中包括文藝復興時期著名的銀行家科西莫・德・麥第奇和探險家克里斯多夫・哥倫布。

歷史上最著名的羊毛紡織工也許是伊薩卡（Ithaca）[42]的王后佩涅羅珀（Penelope）。正如荷馬的史詩《奧德賽》（*The Odyssey*）開篇描述的，佩涅羅珀整日為丈夫奧德修斯的離開而哭

42 伊薩卡是古希臘西部愛奧尼亞海上一個美麗的島國，在《荷馬史詩》中，伊薩卡是神話英雄奧德修斯的故鄉，奧德修斯也是伊薩卡的國王。

泣。這位傳奇的勇士和國王在二十年前離開了佩涅羅珀，與其他希臘城邦一起攻打特洛伊。除了聽說他在戰爭中活了下來並踏上返鄉的歸途之外，她一無所知。他正在趕回來嗎？被囚禁了嗎？死了嗎？奧德修斯不確定的命運使佩涅羅珀陷入了兩難境地。在她生活的社會，一個女人只要丈夫還活著，就有義務繼續維持這個家庭。但如果丈夫死了，她就有改嫁的義務。那麼，她該怎麼辦呢？佩涅羅珀決定，只要她為奧德修斯的老父親拉厄耳忒斯（Laertes）編織完壽衣，她就會從眾多的追求者中選一個做自己的丈夫。所以，白天佩涅羅珀就一直織布，到了晚上又偷偷拆掉。三年後，求婚者終於發現了她的詭計，他們怒不可遏，發誓要殺死佩涅羅珀的兒子、奧德修斯的繼承人——鐵拉馬庫斯（Telemachus）。在故事的結尾，奧德修斯回到家中擊敗了暴動的求婚者，收復了王國並最終闔家團聚。

當面臨壓倒性的社會壓力時，佩涅羅珀選擇投入一項她前半生一直從事的工作：紡紗和織布。這並不奇怪，因為在那個時代，紡織是女人的工作，而織出來的布對家庭很重要。紡織工作佔據了每個希臘婦女——無論是平民還是王后——所有的閒置時間。荷馬告訴我們，當時的婦女從太陽升起之前就開始紡織羊毛，一直工作到夜幕降臨。難怪佩涅羅珀會在不知所措的時候，選擇投入這項她熟悉無比的活動。

羊毛催生大英帝國

羊毛的故事貫穿整部人類文明史。直到大約三百年前，仍然很少有孩子不知道如何紡紗、整經[43]和穿梭的。羊毛以各種方式滲透到人類生活的方方面面，語言就是一個很好的見證。看看我們有多少與羊毛有關的習語——大多數人可能都不曾想過它們的起源——「生活瑣事」、「揭開謎底」、「如坐針氈」、「樸素的想法」、「老姑娘」、「傳家寶」、「自圓其說」、「長篇累牘」、「觀點線索」和「太空梭」[44]。羊毛對許多文明都很重要，因而這個話題也顯得尤其寬廣，結果就是：在整部文明史中，根本沒法單獨闢出一個章節來闡述其豐富內涵。但是，它的重要性可以從中世紀英國的羊毛紡織貿易中一窺究竟。

在中世紀時期，紡織業成為大英帝國社會、政治、經濟和工業發展的基礎與動力。在很早以前，不列顛的居民就已經學會牧羊和加工羊毛；事實上，在西元四十三年羅馬人入侵不列顛之時，他們就已經發現紡織工作是當地的重要活動。當時的不列顛不僅遍地放牧綿羊，人們紡

43 整經是將一定根數的經紗按規定的長度和寬度平行捲繞在經軸或織軸上的工藝過程。

44 分別對應 fabric of life、unraveling a mystery、on tenterhooks、homespun ideas、my spinster aunt、heirloom、to spin a yarn、weavers of long tales、thread of anargument、space shuttle，其中都含有與紡織相關的單詞。

織的羊毛和布料甚至「好到可以和蜘蛛網媲美」。[*1]

十二世紀，織布還是一種家庭手工業。最簡單的羊毛生產體系出現在農莊裡，人民以家庭為單位在那裡種植並製造生活所需物品：飽腹的糧食、取暖的木柴或煤炭和織布用的羊毛。如果農民生產的羊毛比所需的多，就會拿去交換或出售給鄰居以換取其他物資。隨著需求的增加和織布技術的提高，農民逐步減少耕作時間，把更多的時間投入紡織。他們就是早期的紡織工人。

後來，這些專門化的工人組成行會並得到國王的授權，可以保護和管控羊毛市場。在倫敦，第一個織工行會成立於一一三〇年。行會的工人擁有原料（羊毛）和生產工具（紡織機）。隨著時間的推移，織布技術提高，家庭紡織工開始採用外部代理機構或商人供應羊毛。就這樣，農民把羊毛生產的不確定性轉移給了其他人。在這種家庭手工業體系裡，紡織工在家裡利用自己的工具紡織，而原料卻由其他投資者提供。中世紀時期，手工業體系經歷了三個階段：從家庭作坊到行會生產再到家庭生產制（工廠體系出現得稍晚，伴隨著十八世紀的工業革命，手工業者成為工廠的雇工，他們既不佔有生產工具，也不佔有生產原料）。

在整個中世紀，歐洲各地的紡織工都想獲得英格蘭的羊毛。八五〇年，神聖羅馬帝國皇帝查理大帝在寫給麥西亞國王奧法（Offa）的信中明確表示，他需要英格蘭羊毛做成的布料。[*2]

後來，人們認為，西班牙的羊毛雖好，就是太短了，需要和更長的英國羊毛混合才能製出纖細的絲線和輕薄的織物。德國和法國的羊毛太粗糙，不和英國羊毛混合的話，只能織出劣質的布料。在這個時期，英國的國王盡可能地把羊毛做為國際貿易和政治談判中討價還價的籌碼。愛德華一世利用英國羊毛迫使荷蘭和佛蘭德斯[45]與其結盟。一三四一年，愛德華三世向佛蘭德斯人提供五八三袋羊毛，以換取他們在與法國的百年戰爭[46]中對英國的支持。[*3]

與大陸的羊毛貿易在撒克遜人統治的動盪歲月非常活躍，以至於到一〇六六年諾曼人征服英格蘭時，英國最重要的出口產品是羊毛。隨著貿易的增長，商人和中間商在促進羊毛生產和運輸過程中的作用日益凸顯。中間商越來越傾向於從一個大莊園購買其一年的羊毛產量，然後賣給另一個中間商或市場，又或者直接賣給羊毛工人，如紡紗工和織工。有時候，商人會在一個固定的場合與羊毛生產者談判銷售條款，例如一年一度的羊毛交易會。有時候，他也會在羊毛生產者的莊園談判。

45 佛蘭德斯是西歐的一個歷史地名，泛指古代尼德蘭南部地區，位於西歐低地西南部、北海沿岸，包括今天比利時的東佛蘭德省和西佛蘭德省、法國的加萊海峽省和北方省、荷蘭的澤蘭省。

46 百年戰爭，指英國和法國以及後來加入的勃艮第於一三三七至一四五三年發生的戰爭，是世界上歷時最長的戰爭，斷斷續續進行了長達一一六年。戰爭以法國勝利告終，英格蘭幾乎喪失所有法國領地，但也使英格蘭的民族主義興起。

在十三、四世紀，規模不斷擴大的羊毛貿易需要新的融資技巧和手段。在發展這些手段和技巧的過程中，商人建立了現代資本主義、銀行業和金融業的基本原則。在這個時代，最活躍的羊毛商人是來自義大利為教皇收集教堂稅的代理人。[*4] 那時，當修道院交教堂稅時無法提供現金就會用羊毛代替。這種交易將收稅人轉化為羊毛商人，因為羊毛的貨幣化要求他進入羊毛市場。在某些情況下，如果羊毛商人想從一個特定的農場或地區購買所有羊毛，他就會訂立一份為期二至二十年的期貨合同。這些合同確保農場和地區生產的羊毛會被以約定的價格收購，同時也保證商人可以在既定日期以既定價格收購到確定數目的優質羊毛。雖然這些合同有一定保障，但也會帶來風險。在有些年份，當羊毛產量不足時，農場就不得不借錢賠付商人；有些年份，如果商人無法以談好的價格賣出羊毛的話，他們就可能承受毀滅性的損失。英格蘭的教會在十六世紀中期脫離羅馬天主教之後，商人就從收稅人改為獨立的羊毛貿易商。

最終，即使是為大型羊毛市場提供一小部分資金，也遠遠超出任何一個商人的能力範圍。市場包括多個環節，每個環節又有不同的風險：談判羊毛的採購條款，保證源源不斷的原料供給，承擔編織、縮絨、染色以及把成品布料運往市場的開銷。雄心勃勃的商人承擔着這些貿易風險，換取高額利潤。在這個過程中，他們成為商人銀行家，控制大量資本，並採用直接和間接的形式雇用成千上萬的歐洲人。漸漸的，商業銀行公司和家族出現了，並從中產生歐洲的第一個大型銀行業系統。隨著時間的推移，這些銀行積累了足夠的財富，能夠支持君主和政府的大型專案。[*5]

在這個時代，最傑出的商業銀行家族要數美第奇家族。早在一二九七年初，美第奇家族就是佛羅倫斯羊毛製造商協會——羊毛商行會（Arte della Lana）——的成員。雖然我們不知道他們或他們的代理人與英國之間有沒有商業活動，但我們知道這個銀行成立的資金來自羊毛貿易，而且佛羅倫斯進口了大量的英國羊毛。由於銀行業大獲成功，美第奇家族從中獲得巨額財富，使得他們能夠影響甚至支配當時佛羅倫斯和羅馬的政策，並支持那些偉大的藝術家進行創作，其中就包括雕塑家、畫家米開朗基羅（Michelangelo）。

這一時期，另一個值得注意的人物是克里斯多夫・哥倫布（Christopher Columbus），他也從羊毛貿易上獲得了豐厚回報。他的父母以及母親的其他直系親屬都是紡織工。一四七二年底，哥倫布和父親在熱那亞附近的薩沃納小鎮從事羊毛貿易。到一四七三年，哥倫布已經有足夠的錢在當地的一家羊毛公司投資入股。後來他的許多航海活動都是靠從西班牙羊毛貿易中獲得的收益支撐的。

多年以來，生羊毛是英格蘭的主要出口產品，其主要出口物件是歐洲兩個主要的羊毛加工中心：佛蘭德斯和佛羅倫斯。其中，佛蘭德斯的市場更大。羊毛貿易的循環流通引起了英國的注意：佛蘭德斯買了英國人的羊毛，在歐洲織成最好的布，然後再把它賣回英國。儘管英格蘭出產最好的羊毛（這並不難解釋），可一提到織布，英國的織工就難登臺面了。

一二五八年，反對封建王權的「牛津議會」——一個由貴族構成的分裂議會，反對國王亨利三世的政策——頒布法令，規定英國必須有自己的優質毛紡織工業。議會通過法律，旨在促進國內紡織工業的發展。法律限制布料進口（主要來自佛蘭德斯）和生羊毛的出口（主要目的地還是佛蘭德斯）。這些計畫除了激怒佛蘭德斯和影響羊毛在歐洲市場的價格外，沒有對英國的紡織工業起到任何積極作用。最終，國王決定引進佛蘭德斯的優秀織工。但要怎麼做呢？

幸運的是，英國不必做太多說服工作，因為當時的低地國家政治環境嚴苛，宗教極端主義盛行，這足以讓優秀的佛蘭德斯織工移民到英國。佛蘭德斯織工大規模移民至英國發生在兩個時期：一個是十四世紀，愛德華三世統治時期；另一個是十六世紀，伊莉莎白一世統治時期。這些佛蘭德斯的織工很快就融入英國，織出了優質布料，但更重要的是，他們將技術傳給了英國人。到十四世紀下半期，英國的絨面呢產量翻了三倍，而出口量增長得更多：翻了至少九倍。到十六世紀，英國的毛紡織品製造業已經超越佛蘭德斯。一百年後，優質的羊毛布料佔英國總出口產品的三分之二。[*6]

這樣，英國不僅生產歐洲最好的羊毛，也生產最好的羊毛製品。儘管取得了這些成就，國王還是懼怕競爭的威脅。政府認為，由於羊毛貿易對大英帝國的興衰至關重要，因此需要加以保護。為此，議會對生羊毛的出口實施禁運，同時禁止熟練的織工移民國外，限制美洲殖民地的羊毛貿易，並呼籲國民使用本土而非外國的紡織品。此外，一六六六年的「殯葬法案」還規定，英國人在下葬時不裹純英國羊毛織物將面臨罰款。[*7]

這個時期的羊毛貿易為英國帶來了大量財富，各個領域都因此受益：交通運輸、探險、農業、工業、教育和宗教。英國的傑出政治家都對羊毛為英國繁榮做出的貢獻讚譽有加：一二九七年，議會的貴族把羊毛奉為「帝國的珠寶」；法蘭西斯・培根（Francis Bacon）爵士稱羊毛為「帝國的巨輪」；國王詹姆斯二世宣佈羊毛是「帝國最偉大、利潤最可觀的商品」；[*8]十五世紀紀的羊毛商人約翰・巴頓（John Barton）家的窗戶上有一段銘文：「永遠感謝上帝，是羊給予了這一切。」[*9]

為了避免法律制定者忘記是什麼供養他們，十四世紀初期，愛德華三世下令把羊毛填充到上議院議長的坐墊裡，「讓我們在上議院的議長們時刻銘記、維護並推進羊毛製品的貿易和製造」，這生動地提醒人們，羊毛對英國的繁榮起了多麼重要的作用。即使到今天，做為對羊毛在英國歷史上發揮重要作用的認可，這些來自十四世紀的羊毛坐墊（雖然已經換過多次毛，坐墊也被修復過多次）仍舊放在上議院中心正對王座的椅子上。[*10]

通過羊毛賺取的財富被廣泛應用於各個領域。一一九二年，獅心王理查（羅賓漢傳奇中的英雄）遇到了麻煩。結束第三次東征、從聖地啟程回家的途中，理查——一個受人愛戴的小夥子，渴望戰鬥，建立了宏偉的城堡並遠離王室繼承人之爭——被奧地利公爵俘虜。最終，公爵把他交給亨利六世——神聖羅馬帝國的皇帝，後者把理查當作人質，向英國勒索贖金。皇帝索要十五萬馬克（約等於今天的三百萬美元）的贖金，相當於當時英格蘭年收入的二至三倍。一一九四年，為了贖回理查，英格蘭賣掉了五萬袋羊毛——相當於兩座修道院一年的總產量——以湊贖金。*11

諾斯利奇教堂裡的蝕刻版畫，由羊毛商人約翰福提捐獻。福提的右腳踩在一隻綿羊身上，左腳踩著一袋羊毛，象徵著財富的源泉。（由諾斯利奇教堂的朱莉亞．歐文以及西蒙．威爾斯授權使用）

差不多一個半世紀後，國王愛德華三世用羊毛資金來資助軍隊打百年戰爭。從一三三七年到一四五三年，英格蘭和法國基於對諾曼第等地所有權的爭奪，陷入一場殘酷的戰爭（愛德華三世宣稱祖上佔領的法國領地如今仍舊屬於英格蘭）。愛德華三世想盡一切辦法籌集戰爭資金，而羊毛市場恰好是那個時代的「搖錢樹」，所以愛德華三世通過徵收羊毛稅、向羊毛商人銀行家借錢的方式竭力榨取資金。

羊毛商人當然有錢，在沒有把錢給愛德華的時候，他們也會花費大量財富。許多富有的布料商成為慈善家，他們通過捐贈教堂、回饋國家來表達感恩和慶賀。有些人選擇用建教堂的方式來表達自己取得巨大成功的感激之情。這種以資金來源命名的「羊毛教堂」在科茨沃爾德和東安格利亞地區紛紛建立起來。

在這些教堂中，有一座是由成功的羊毛商人麥可・德・拉・波爾（Micheal de la Pole）所建。這位薩福克伯爵重建了聖艾格尼斯教堂，讓昔日這座諾福克的小教堂成為富麗堂皇的大教堂。教堂的建築材料精選法國石料，教堂塔高達一二〇英尺。在教堂內部，中殿天花板上的木製懸臂托梁飾有天使刻畫，而教堂的門口也有精心雕刻的滴水口。門口雕刻的裝飾帶則是德・拉・波爾家族的紋章。約翰・福迪（John Fortey）是另一位成功的羊毛商人，他在一四五八年寫下的遺囑中聲明，將全部財產捐出，用於重建科茨沃爾德的諾斯利奇教堂。[*12] 此外，他還捐獻了一幅蝕刻黃銅版畫[47]。畫中，他被描繪成一個全副武裝的騎士，兩腳分別踩著一隻綿羊和一袋羊毛。在福提捐贈教堂的同時，另一個羊毛商人塔代奧・塔代伊（Taddeo Taddei）則委託米開朗基羅完成一幅雕塑作品——〈聖母與聖嬰〉（Madonna and Child）。如今，這幅作品保存在倫敦的皇家美術學院。

從羊毛到羊毛衣物

由於對傑出羊毛商人的過多著墨，人們很容易忘記羊毛生產其實始於牧羊人。他們的生活過得並不容易，即使到了如今這個時代，情況也沒有好轉。[*13] 牧羊人每天在草地和山坡上放牧羊群，確保羊群有充足的食物，保護它們不受捕食者的傷害，生產高品質的羊毛以及保證羊群繁殖和生產。無論牧羊人在哪裡工作，都要忍受漫長的工作時間、惡劣的天氣和微薄的工資。一般情況下，牧羊人的工資由如下部分構成：每天一碗乳清、星期日的全乳、一隻斷奶的羔羊、一些羊毛、把自己的羊和雇主的羊混養以及把雇主的羊領到自家地裡施兩週糞肥。[*14]

47 指在金屬板上用腐蝕液體腐蝕或直接用針或刀刻製而成的一種版畫，屬於凹版。

羊毛的收穫期一般在春天，正是一年中最繁忙的時候。與平時放牧的孤獨、安靜與閒適相反，收穫羊毛時既喧囂又繁忙。事實上，許多地方都會舉辦正式的慶祝活動，就像莎士比亞在《冬天的故事》（*The Winter's Tale*）第四幕中所描述的，那是一場剪羊毛的盛宴，人們載歌載舞，享用各種食品，如糖、時令果蔬、大米、藏紅花、冬梨派、肉豆蔻、紅棗、姜、梅乾、葡萄乾、薰衣草、薄荷和墨角蘭等。

除了盛會，收穫羊毛時還有許多工作要做。剪毛工的一項艱巨任務就是在不夾傷羊皮的情況下把羊毛剪下來，由於羊不會乖乖待著不動，這個過程就變得很困難。剪毛工讓羊坐下來，後背靠在自己的大腿上，頭部朝外。用這種姿勢剪毛，羊會變得出奇安靜和聽話。剪毛工拿著用U形彈簧連起來的雙層三角刀片（看上去像一把簡陋的大剪刀）從脖子處開始剪毛，然後向腹部剪下去，再從臀部向頸背往上剪，最後在背部完成。剪毛工會儘量貼近羊皮，儘量剪到最長的羊毛纖維。由於這些纖維糾纏在一起，所以剪下來的羊毛都是一塊塊的，每塊重六至二十五磅。當時的剪毛工剪一隻羊的毛大概耗費五分鐘，但現在的剪毛工使用電推剪，在熟練的情況下一分鐘之內就能完成。今天，一些農場在收

剪羊毛用的剪刀。（圖片由公共領域分析師安德里亞斯・普雷福克拍攝）

集羊毛時甚至不需要剪毛工，他們在綿羊的皮膚上注射一種蛋白質生長因子。這種因子會使毛囊深處的毛斷裂，即使不用剪刀，也能很輕鬆地把羊毛剝下來，是一種很科學的方法。[*15]

從羊身上剪下來的纖維都被稱為「羊毛」，實際上，這些纖維並不完全相同，而且用途各異。羊毛主要分兩種：「軟毛」（輕薄、柔軟的捲曲絨毛，位於羊毛下層）和「硬毛」（粗糙、濃密、堅硬、筆直的長纖維，位於羊毛上層）。[*16] 羊毛裡每種纖維的特性根據品種情況又有所不同。雖然在英國馴化的第一批羊產出的羊毛都是硬羊毛，但經過幾個世紀的選擇性培育，英國人終於培育出了主要生產軟毛的羊。能產出精細短纖維的羊分布在蘇格蘭與威爾斯的交界處和約克夏摩斯。其中最有名的是雷蘭羊，這種羊得名於飼養它們的僧侶。織工們用精細的雷蘭羊毛製作柔紗線、網眼寬鬆的布料和氈布。因為這種羊毛極為柔軟，女王伊莉莎白一世曾下令，她的御用長襪必須用雷蘭羊毛製作。林肯羊和科茨沃爾德綿羊則能產出柔軟的長毛。這種羊毛價格最高，因為可以紡成強韌而輕薄的線，而這些輕薄的線可以做出最好的布料。[*17]

剪下來的羊毛會送到羊毛分級員那裡，他們負責將羊毛分級分類。早期的分級員會把羊毛分到三個箱子裡。首先，他會分出最好的（最輕薄的）纖維，並貼上「羊絨」的標籤；然後，他會分出最粗糙的（最厚重的）纖維，並貼上「硬毛」的標籤；最後，他會把既不太好也不太差的纖維收集起來，稱為「混合絨」。最好的纖維用來做成襯衫、連衣裙和褲子，而粗糙纖維則用於製造地毯和窗簾布所需的結實、耐用的布料（剛毛襯衣是個例外，它用粗糙纖維製成，僧侶貼身而穿，讓那紮人的纖維時刻提醒自己犯下的罪孽以及無處不在的誘惑。據稱，查理大帝就是穿這種剛毛襯衣下葬的）。多年來，羊毛的分級體系變得更加細緻，如今的羊毛可以分為六至十六種不同的等級。

羊毛一旦被售出，就可以開始處理了。首先，必須清除羊毛的殘餘雜質（如灰塵、沙粒、毛刺、枯草和在野外自由放牧時帶來的糞便）和羊本身的分泌物，即羊毛脂（來自羊的皮脂腺）和羊毛粗脂（硬的片狀物，來自羊的汗腺）。負責這個清理過程的人被稱為擦洗工，他把分選出來的生羊毛原料放進溫暖的肥皂水裡輕輕攪拌以除去汙垢。在用清水沖洗後，擦洗工要麼在室外掛杆上曬乾羊毛，要麼在室內使用乾燥室和熱風烘乾。最後，擦洗工用手整理羊毛，讓它變得鬆軟。

接下來登場的是梳毛工。他要保證所有羊毛纖維都按同一方向排列，以便製成強韌的紗或線。為了調整羊毛纖維的方向，梳毛工會把清洗乾淨的羊毛平鋪在一塊規則排列著許多剛性滾針的板子上。這個板子被稱為「梳板」（card），得名於古羅馬人梳理打結羊毛用的一種帶刺的果實，這種果實的名字為飛廉（carduus），屬於川續斷科植物。*18 二十世紀初，毛紡廠的工人還在使用川續斷科植物的果實來梳理羊毛，但到了今天，梳毛工已經開始用仿飛廉形狀的手工梳毛器或帶有針形突起的機器來梳羊毛了。使用手工梳毛器時，梳毛工會把一叢羊毛放到梳板上，然後把羊毛刷到第二塊梳板上。這個過程就像是梳理長長的頭髮，梳理後的硬結和毛團會被除掉，羊毛就變得順直了。在梳理羊毛的過程中，梳毛工不停地用手梳前後的羊毛，直到羊毛纖維不再打結，並排列成像網一樣的絮狀物，被稱為「棉絮」。接下來，梳毛工會把棉絮從梳板上拿下來，輕輕地捲起並交給紡紗工。

紡紗的目的是把乾淨、整齊的羊毛纖維變成線或紗。紡紗工把梳過的羊毛放在捲線杆上，穿好羊毛的捲線杆看起來像插在木棍上的棉花糖，只是羊毛代替了糖。紡紗工從捲線杆上拉出

〈梳棉〉，瑪利亞・威爾克在一八八三年創作的作品。梳毛工用兩塊梳板梳理羊毛，直到羊毛纖維不再交錯。

梳毛工的飛廉刺果。在很久以前，古希臘和古羅馬的人們就用晒乾的川續斷科植物的果實來梳棉了。（由迪迪爾・德庫昂拍攝，使用已獲得許可）

〈紡紗工〉，威廉一阿道夫·布格羅在一八七三年創作的作品。畫中，女孩左手持一根纏滿羊毛的捲線杆，右手提著一截掛著紡錘的羊毛線。她從捲線杆上拉出羊毛，輕輕地撚一下，然後繫到旋轉的紡錘上。

羊毛，在拇指和食指之間纏繞成一截線。然後再把線拉長，並把一端繞在另一根杆上，這根杆稱為紡錘。紡錘的一端是圓而扁的石頭，又或者是一個陶土製成的環，起到飛輪的作用，在拉扯羊毛線時它會轉動並收緊。在傳統方法中，紡紗工會站著從捲線杆上拽出羊毛，在手指上撚成線，然後把線和旋轉的紡錘纏繞在一起。當紡錘碰到地面時，紡織工會停下來，收起紡錘底部的線，然後重複這個過程。紡紗工站著是因為她到地面的距離越遠，紡成的線就越長。十四世紀時，紡車終於傳到了英國。紡紗工可以坐著使用這種新機器，因為可以橫向紡線了。然而，這仍然是一個非常緩慢的過程。事實上，直到十八世紀，一個高產的織工想要不停地織布，需要三至五名紡紗工供應紗線才行。[19]在從羊毛變成布的過程中，紡紗速度一直很緩慢，直到十八世紀末紡紗機械化之後，布的產量才有所增加。線紡好之後，下一步就是織布了。

雖然現在使用的織布工具比三千年前用的更大、更有效率，但基本原理還是一樣的。[20]整個織布過程只涉及兩條垂直相交的線：一條是上下移動的線，稱為經紗；另一條是從左向右或從右向左與之相交的線，稱為緯紗。[21]最早的歐洲織工使用的是立式織機，工人站立著，垂直的經紗吊著石塊或一根木質橫樑。大約是西元一千年，臥式織機傳入歐洲。使用這種機器時，紡線與地面平行，經紗前後移動，而緯紗則水準移動。臥式織機最具革命性的特點是織工可以坐著織布，大大地延長了織布時間。在立式織機時代，織工絕大多數為女性（即使不是全部），至少在歐洲是這樣。當臥式織機出現後，男性織工取代了女性織工。[22]歷史書並沒有解釋這種變化的原因，但現在男性也能夠坐在紡織機前，用自己的手藝賺取可觀的收入了。不管怎樣，當織布形成貿易，就會躍出家庭範圍進入市場。

世紀競爭對手

十八世紀末，羊毛貿易遇到了它的第一個重要的競爭對手——棉花。二百年後，對手變成了合成纖維。由於這些替代品的出現，人們對羊毛和羊毛製品的需求逐步下降。二〇一三年，羊毛的全球需求量是棉花的三十分之一，是合成纖維的七十分之一。[*23]儘管羊毛已不再是布料市場的主要原料，但其生產和使用仍然有重要意義。例如，二〇一二年世界的羊毛產量達到四十六億磅，其中澳大利亞、紐西蘭和中國的產量最多，佔世界總產量的百分之四十五。[*24]而從消耗上來看，中國居榜首，佔世界總產量的百分之六十。

與其他纖維相比，羊毛性能獨特，具有良好的吸汗、保暖、防靜電、防火以及伸展性等特點。但說到縮水（羊毛布料的缺點很大程度上是因為其角質層），像棉和滌綸等其他纖維則具有更大優勢。羊毛工業通過處理羊毛纖維來減輕縮水狀況。然而，羊毛還有另一個缺點：與其他用於織布的材料相比，羊毛不夠「綠色」。相比絲綢、棉花、丙綸纖維的生產，羊毛——從飼養綿羊到布料染色——的環境成本更高。二〇一〇年，地球上大約有十億隻羊，每隻羊每天要消耗大約二十五磅牧草並排放出大量氣體（家畜排放的溫室氣體佔全球總排放量的百分之二十）。[*25]此外，羊毛清洗和染色需要大量的水：一磅羊毛大約耗費一百加侖的水。[*26]生產羊毛如此不環保，那麼其他纖維的優勢就更大了。雖然很難想像一個沒有羊毛衣物的世界，但從長期來看，這種衣物肯定會越來越少。

第13章——毛髮的廣大戰場

第一顆網球之所以充滿彈性，是因為它裡面塞滿了毛髮。

在毛髮纖維被織成布之前，原始人在日常生活中經常使用天然纖維。他們用纖維製作繩索、籃子、網、魚梁、籠子、武器和樂器。他們從樹幹、草、亞麻和黃麻中收集植物纖維，又從毛髮、蠶絲、皮膚或內臟中收集動物纖維。可以說，這些纖維裡最有用的是毛髮，因為它既比較容易獲取，又有毛髮固有的特點。漸漸的，毛髮成為醫學研究者、犯罪學家和實業家的工具，因為他們認識到毛髮是一間充滿了各種化學物質的倉庫。這些化學物質或揭示了人與動物的祕密，或滿足了工業發展的需求。除了製布，毛髮的用途非常廣泛，其中有許多是你意想不到的。

毛髮在視覺藝術中發揮著重要作用。藝術家需要使用各種各樣的畫筆來完成創作，而筆毫是由毛髮構成的。無論用途如何（繪畫、粉刷或糕點製作），所有刷子都擁有相同的基本結構：一個把手或手柄，一把刷毛或筆頭，一個把兩端連在一起的金屬環。筆刷的工作部分稱為筆毫，最早的刷子是用堅硬的野豬鬃製成的。毛髮纖維被黏在金屬環裡，毛幹的方向已經調整過，全部指向筆毫尖端。這樣排列可以確保所有纖維的角質層方向是相同的，因而筆毫的工作端有一個很好的交接點。

製作筆毫的毛髮種類決定了筆刷的用途。粗硬的豬鬃毛是筆毫的典型材料，最適合勾勒大致輪廓，但不適合表現細節。用紫貂、松鼠尾、獾、臭鼬、馬（腹部、耳朵、鬃毛和尾巴都能提供合適的纖維）和牛耳上輕薄、柔軟的毛髮製成的筆毫最適合展現細節。優秀的藝術家首選的筆毫是用西伯利亞種雄性紫貂在冬天長出來的尾巴絨毛製成的。這種毛之所以名揚天下，不僅因為其長度（長達2.5英寸）適宜，也因為它那針尖般的尖端、突出的角質層和極強的彈性。要繪製精美的畫作，最好的筆毫是火焰狀的，這種刷毛頂部尖端很窄，中部膨脹。刷毛和突出的角質層會沾起、鎖定顏料，讓畫家畫出長長的細線。在塗刷過程中，火焰狀的刷毛被壓平散開，精細的筆尖也會分岔。由於其獨特的彈性，只需輕輕一捋，紫貂毛就會恢復原來的形狀。

但紫貂毛筆毫可不便宜。製造商必須通過拔掉或切掉紫貂的尾巴來獲得貂毛，人約三百條貂尾才能產出一磅毛，所以一支好用的紫貂毛筆毫售價超過一千美元也就不足為奇了。因此，藝術家需要更好、更便宜的合成纖維筆毫。現代的合成纖維可能像毛髮一樣有彈性，但形狀難以保持，而且缺乏角質層，無法鎖定顏料（合成纖維製的刷子只適用於基本用途，比如粉刷牆壁；事實上，今天在世界市場上出售的漆刷中有百分之八十是合成纖維製成的）[*1]。然而，正在進行中的產業研究承諾未來會讓合成纖維擁有接近錐形的尖端和天然毛髮般的粗糙表面。

〈我與熊〉。這幅微型畫作（左上角的硬幣是用來作比例對照的）展示了一位天才藝術家如何用精良的筆刷再現真實的毛髮。（藝術家琳達・羅辛授權使用）

音樂家和樂曲之間總有一層毛髮

另一類以毛髮謀生的藝術家是音樂家。儘管音樂學家對現代小提琴弓的起源仍有爭議，但大多數都認為和吉他或曼陀林琴手用來撥弄和彈奏扁平的木片、金屬片或塑膠片有關。用琴弓與琴弦的摩擦使琴弦震動就像是一系列快速的撥動。這個原理就是，帶有彈性的弓毛在琴弦上不斷摩擦會使琴弦快速撥動，繼而產生連續流暢的音符。

弦類樂器，如小提琴、中提琴和大提琴的琴弓由堅硬的木棍或有頂部和握柄的棒子構成。頂部與握柄之間是一束毛髮。握柄裡包含一個螺旋裝置，讓演奏者能夠增加或減少弓弦的張力。和筆毫一樣，最好的弓毛來自一種特殊的動物：西伯利亞或蒙古的白色種馬的尾巴。這些馬之所以能成為最佳選擇，是因為它們生活在寒冷的氣候中，能長出更強韌的毛；其中雄性種馬更好是因為它們的馬尾不會經常沾上尿液（尿液對毛髮是有害的，因為它會軟化毛幹，使角質層打開）。

從進口商處購得的弓毛是長約三英尺、重一至二磅、清理乾淨的白色髮束。在給一把琴弓拉弦時，製造者會用一百三十至一百五十根筆直的毛髮。她先在髮束的一端綁上一根線，用融化的樹脂固定一個結，然後把打結的一端嵌進琴弓頂部。接下來，她會梳理髮束確保沒有重疊，然後另一端綁線並用樹脂打結。最後，她把髮束浸濕，使毛幹軟化，然後嵌進琴弓的握柄端。毛髮晾乾後就會繃緊，之後再用握柄裡的螺旋裝置調節張力。一個學徒一般要用六個月才能學會給琴弓換弦，而製作琴弓則需要學三年。經常使用的琴弓每半年就要換一次弓弦。

打擊樂器的演奏者也會使用羊毛氈來減輕兩個部件表面的接觸。所有的打擊樂器都使用各種各樣的錘子來敲擊另一物體的表面，從而發出聲音。在某些情況下，樂曲需要有力而乾脆的

「敲擊」，另外一些情況則需要遲緩而輕柔的「拍擊」。想要響亮的聲音，錘子要由木頭或金屬製成，表面不附加任何東西；而想要柔和的聲音，錘子一般需要包裹在氈布或柔軟的羊毛裡。音樂家會用氈布包裹的錘子敲擊扁鼓、小鼓、小軍鼓、定音鼓、木琴、排鐘和鑼鼓，由於製成氈布的毛髮具有彈性，因此減輕了樂器間的接觸。

鋼琴是另一種需要緩衝器的打擊樂器。按下鋼琴鍵會使一個被羊毛氈包裹的小木槌打擊鋼弦；放開琴鍵時，內襯毛氈的製音器會阻止琴弦的振動使聲音停止。但不是所有琴鍵都覆蓋著同一種毛氈，因為毛氈的硬度會影響音調。毛氈的密度範圍很廣，主要取決於原始羊毛在處理時承受的壓力和熱量。裹著硬毛氈的小木槌敲出高音，而裹著軟毛氈的小木槌則敲出低音。因此可以說，鋼琴演奏家和樂曲之間總有一層毛髮。

運動員也會用到毛髮，這或許會令人感到有些驚訝。以釣魚運動為例：在十七世紀中期的倫敦富商以撒・華頓（Izaak Walton）和查理斯・柯頓（Charles Cotton）寫了一本《釣客清話》（*The Compleat Angler*），裡面記述了他們所知道的關於飛蠅釣（他們最人的愛好）的一切。[*2] 為了吸引業餘愛好者，書中還詳細描述了如何捕魚、烹飪（直到今天，這本書仍然值得一讀，不僅因為裡面有關於釣魚的詳細介紹，還因為其中的對話——充分反映了當時的個體人生經驗、歷史、文學、傳說和哲學）。毛髮因其高強度、重量輕和顏色可變性被華頓和柯頓認為可以用來製造最好的釣魚用具——漁線，但並非所有毛髮都適用，他們提醒垂釣者「注意（選用的毛髮）是圓形、白色且沒有怪味的」。對他們來說，最理想的漁線毛髮材料是圓的（這意味著它很強韌）以及「顏色和玻璃一樣」，這樣它在水中就幾乎看不出來了。這種毛髮多半來自白馬的尾巴。雖然今天毛髮仍被用於裝飾魚鉤，但無論是專業垂釣者還是業餘垂釣者，都已經選用合成材料製成的漁線了。

毛髮還曾出現在網球史上。一四八〇年，法國國王路易十一將網球的製作標準化，即由一塊裡面填滿了毛髮團或羊毛團的皮革製成。到十八世紀，羊毛氈代替皮革覆蓋層，但中間仍由密集的毛髮或羊毛填充。為什麼選用毛髮做為填充材料呢？為了能夠彈起來，網球必須用當時最具彈性的材料製成，而毛髮剛好符合這種條件，因此把羊毛或毛髮塞進一個要能夠彈起來的球裡就說得通了。[*3] 雖然現代的網球彈性更好是因為其橡膠內胎和空心結構，但在其毛氈覆蓋層的製造中依然有毛髮的蹤影。[*4]

頭髮能清理油污？

頭髮不僅被用於娛樂消遣活動，也有助於清理一些環境汙染。一九八九年三月，埃克森公司「埃克森・伐耳迪茲號」油輪在阿拉斯加州附近的威廉王子灣觸礁，造成一一〇〇萬加侖的石油洩漏。媒體播放了被油汙覆蓋的海獺屍體和海鳥屍體的照片，證明了這場生態災難的嚴重程度。大多數人只是絕望地搖搖頭，阿拉巴馬州麥迪森縣一名理髮師菲爾・麥柯里（Phil McCrury）卻看到了轉機。他認為，既然頭髮通常都被皮脂覆蓋，那麼它自身一定有吸附油汙的特性。他總結說，頭髮可能是除去水中油汙的一個有效手段。被油汙浸泡的動物已經證明了這一點。如果水獺的毛可以吸油，那麼人類的頭髮應該也行，畢竟同樣都是毛髮。為了驗證這個想法，麥柯里從自家的理髮店裡收集頭髮，把它們塞進套子裡，然後把塞滿頭髮的套子放進機油和水的混合物裡。幾分鐘後，頭髮吸收了所有的機油，水得以淨化。受到這種想法的啟發，環境學家莉莎・高提耶（Lisa Gautier）開始著手製作可以用於處理石油洩漏事故的毛毯。二〇〇七年十一月，一艘韓國郵輪與舊金山海灣大橋發生碰撞，導致超過 5.3 萬磅石油洩露，高提耶和其他志願者就用毛毯協助清理油汙。*5,6

人體祕密記錄儀

除了幫助清理油汙，毛髮還因其能保存人體資訊而在司法取證上發揮重要作用。就如經驗豐富的刑偵員警把案發現場的指紋當作證據一樣，頭髮也可以協助員警查明真相。愛德格・愛倫・坡在短篇小說〈莫格爾街兇殺案〉（The Murders in the Rue Morgue）裡提到了這一點。在故事裡，有兩名住在高級公寓的女性被殘忍殺害了。現場的場面極其駭人，而唯一可以讓兇手進出房間的只有客廳窗戶旁的一根排水管，這些都使員警困惑不已。員警在其中一位死者的手指裡發現了紅色的短毛，驚呼道：「這不是人類的毛髮！」在意識到罪犯可能是動物後，員警展開搜尋，最終發現製造這樁慘案的兇手是一隻攥著剃鬚刀肆虐巴黎街頭的凶猛大猩猩。如故事所講，脫落的毛髮可以提供一些毛髮主人的相關資訊。

出於以下幾個原因，頭髮可以被用作呈堂證供。第一，在案件調查過程中，毛髮可能是案發現場的唯一物證，因為受害者和犯人都會在不經意間掉下一些毛髮。正常情況下，每個人每天會掉落十至一百根頭髮；另外，腋下、下頷、身體和腹股溝也會脫毛。第二，很容易從嫌疑人身上獲取毛髮用於檢測，因為如有必要，毛髮可以隨意使用並多次獲取，既不會侵犯隱私也不會對提供者造成傷害。第三，與血液、尿液和身體軟組織相比，頭髮能夠保存更久。風乾的頭髮纖維中包含的化學物質可以保存幾個世紀。最後，有時候僅憑一根頭髮就可檢測出兇手、案情和案發時間。

員警在案發現場發現毛髮後，首先要做的就是記錄發現毛髮的地點——在受害者手裡、內褲上、旁邊的地毯上、做家務的手套上還是護牆板上。當然，並不是說案發現場發現的毛髮一定有用，畢竟案發前出現在這裡的人和寵物都可能掉落毛髮；此外，毛髮會因為被別的東西（比如皮草類衣服）沾上而在各處轉移。雖然根據毛髮的形狀特點可以發現或排除嫌疑人，但僅靠形狀是無法完全確定的。首先，辦案者必須明白，人體有很多種不同類型的毛髮，短的、長的、薄的、厚的、波浪形的、彎曲的、淺色的、深色的都可能來自同一人。其次，某個人種只有一種主要的毛髮類型，但毛髮類型並不會僅局限於某一人種：大部分非洲人的頭髮是捲曲的，但也有些是直的，而印歐人和亞洲人的頭髮也可能是緊密而捲曲的。想要搞清楚事實，必須將從受害者身上找到的他人毛髮、受害者自身提取的毛髮以及從嫌疑犯身上提取的毛髮進行對比。在早期，只有在毛髮類型存在巨大差異的情況下，才對辦案者推理案情有幫助。例如，如果在受害者周圍找到的嫌疑犯毛髮是淺色、筆直的，而被指控的嫌疑犯的毛髮是黑色彎曲的，那麼就可以合理地排除這個人的嫌疑；但是，如果受害者周圍找到的毛髮也是黑色彎曲的，那麼他的嫌疑就無法排除了。

如果法官無視毛髮形狀在案件偵破上的局限性，不加甄別地接受檢察官提交的毛髮證物的話，有可能出現悲劇性的結果。聯邦調查局最近承認，在一九八五年至一九九九年之間，至少有二千一百宗案件是根據毛髮的形狀和顏色來斷定嫌疑人的，而且其中一些案件的判決是基於不完整的甚至是受到誤導的統計資料而做出的，[*7]其中之一便是唐納・蓋茨（Donald Gates）的案件。唐納被指控於一九八一年六月姦殺了一名二十一歲的女大學生，受害者被發現時全身赤裸，死在華盛頓特區的岩溪公園裡。指控他的決定性證據有兩個：第一個是一份警方線人的證詞。線人聲稱目睹唐納殺害死者，但陪審團不知道這名線人自身也是一名重案犯，警方以減輕對他的指控為交換讓他作偽證。第二個是一份由聯邦調查局鑑證機構提供的實驗室證據。該機構武斷地得出結論，說受害者身上的外來毛髮與唐納的毛髮在顯微鏡觀察下無明顯區別。[*8]但後來事實證明，這些毛髮不屬於唐納。在無端受了二十八年的牢獄之災後，唐納終於借助DNA鑒定結果被無罪釋放。基因的鑒定結果顯示，在受害者身上提取到的精液不是唐納的。這件事表明雖然頭髮可以揭露一定的身分資訊，但還遠遠無法構成完美的證據。鑑證調查員面對的難題就是要百分之百確定用於分析的毛髮和隨後用作呈堂證供的毛髮都與案件相關，並且沒有受到其他外界無關因素的污染（汗液、塵土和昆蟲）。只有當外界因素可以完全排除時，毛髮形狀才能被用作支持性證據，但不能用作定罪的唯一證據。

然而，頭髮的化學資訊不會撒謊，這可以從二〇一三年發生在紐澤西州米德爾塞克斯縣的案件上得到驗證。[*9]藥劑師化學家泰娜爾・李（Tinale Li）經常和丈夫發生爭執，警方甚至十六度介入調停。有一天，李的丈夫突然死了，李自然成了頭號嫌疑人。但她是如何辦到的呢？毒理學專家在死者的體液裡發現了鉈，同時從死者的毛幹上也提取到這種物質。這可是一種完美的毒素：無味、無嗅、致命。李在其工作的藥劑公司恰好可以接觸到鉈，而公司紀錄也顯示她曾在沒有書面許可的情況下使用過一些。[*10] 最終，儘管律師為她作無罪辯護，但毛髮的證據鐵證如山，最後陪審團判定李謀殺罪名成立。

毛髮還能提供基因資訊。既然毛幹由角化的細胞構成，那麼它們就含有生命所需的所有重要分子，其中包括去氧核糖核酸（DNA），即一種由四種不同的去氧核苷酸（腺嘌呤、胸腺嘧啶、鳥糞嘌呤和胞嘧啶）組成的長鏈大分子。因為每個人的鏈結順序不同，所以可以通過從每個人毛幹上提取的DNA來區分和鑒定個人身分資訊，就像指紋一樣。[*11] 毛髮的來源問題一直被人質疑，因此從中提取的DNA在案件偵破中也只能謹慎使用，但歷史學家仍用它們來驗證歷史紀錄的真偽。其中有一個典型的例子是關於法國大革命及王室的。歷史明確記載，國王路易十六和他的王后瑪麗・安東尼死在了斷頭臺上，但檔案紀錄並未顯示他們十歲的兒子（按慣例應繼位為國王的路易十七）下落如何。有傳言稱這位年幼的國王被囚禁在丹普爾監獄的地牢裡，並在兩年後死於肺結核。人們還認為驗屍的時候，醫生偷走了小國王的心臟，而這顆心臟幾經轉手最終成為聖鄧尼斯大教堂裡的一件文物。官方的說法是，國王死時尚年幼，因此沒有繼承人。但幾乎是從大革命爆發之時開始，民間就一直有傳言說小國王已經逃出地牢，而且還有繼承人。為了驗證這種傳言，歷史學家比對了那顆心臟和從瑪麗・安東尼及其兩個姐妹的首飾盒裡提取到的頭髮的DNA序列。結果證實這顆心臟的主人與王后確實存在血緣關係，而那個人極有可能就是小國王。[*12] 儘管謠言可能會繼續，但這個科學的結論足夠使任何謠言不攻自破。

除了能驗證血緣，毛髮還記錄著一個人的一生。髮幹的構造就像電影膠片，由大量的定格畫面組成，每一幀都展示出整個故事的一個階段。髮幹底部每天都會有細胞產生，然後髮幹會向上移動一點，這些細胞記錄著人們當天的健康狀況。因為髮幹由底部的細小血管提供營養，所以髮幹細胞裡攜帶著來自血液的化學物質。如果一個人食用了受到汞污染的魚，那麼他血液中的汞含量就會上升，一部分汞會進入細胞，繼而被吸收進髮幹的底部。由於髮幹每個月大概生長半英寸，所以三個月後，這幀有汞標記的「畫面」就會出現在皮膚上方一英寸的地方。如果這個人只吃過一頓受污染的魚，那麼這幀「畫面」的上面和下面的汞含量都會是零。毛髮這種能夠長期記錄化學物質的特點為鑑證學家提供了一種強有力的工具。

在利用藥物犯罪的案件裡，罪犯可能會在受害者短暫失憶或昏迷的時間實施性侵、搶劫或者脅迫等行為。典型的情況是，罪犯會在飲料中注入藥物，讓毫無戒備的受害者喝下。這些藥物很可能是催眠藥、麻醉藥、毒品，又或者是最常見的酒精。按規定，這種情況下調查員需要對受害者和嫌疑犯做實驗室分析，但通常得出的結論是在兩者的體液裡找不到藥物的跡象。這是因為受害者在幾天後，又或者是幾個月後才發現自己受過侵犯。而服藥後二個小時到五天，人體尿液和血液就很難再檢測到藥物痕跡了，所以調查員必須檢測那些能更長久地保存記錄的東西。這時候，毛髮就該登場了。二〇〇七年，一名十九歲的女孩向警方報案稱她遭到了強姦，只記得自己在一次聚會上喝過一杯軟飲料，之後就不省人事。醒來後發現自己衣衫淩亂，她確定自己遭到了性侵。報案一個月後，法醫帕斯卡·金茨（Pascal Kintz）收到了來自報案人的頭髮，並從中發現含有高劑量的氯胺酮——一種會致人昏迷和失憶的鎮靜劑，而且含量最高的地方位於皮膚上方約一英寸處。結合毛髮的生長速度來看，受害者極可能在一個月前攝入了這種藥物。面對這份數據，嫌疑犯認罪了。[*13]

通過同樣的方法，毛髮還可以在競技體育（如自行車、賽跑和拳擊比賽）中檢測興奮劑，或者用來解決醫療問題。醫生有時為了找出處方藥物不起作用的原因，會檢測病人毛髮以確定藥物是否起作用、是否沒被吸收或病人有沒有服用。新生兒身上的毛髮也可以用來證明母親在懷孕期間有沒有濫用藥物，這樣有利於醫生決定如何照料嬰兒。獸醫也會利用毛髮來檢測放牧的動物是否接觸過受污染的土壤。[*14]

但是，當要依據毛髮所含的化學成分來作重大決定時，調查員必須確保這些化學成分來自身體，而非來自通寧水、洗髮露、護髮素、染髮劑、屋內粉塵或其他環境因素。[*15] 一九八二年，瑞典的醫生兼業餘歷史學者斯史丹·傅孝武（Sten Forshufvud）報告稱，從拿破崙·波拿巴身上提取到的多處毛髮裡含有高濃度的砒霜。這種說法讓整個史學界都為之震驚，因為當時學者普遍認為拿破崙死於胃癌。那麼，是誰給他下的毒？是法國共和黨人，還是法國保皇派，或者心懷叵測的隨從？任何人都有可能。傅孝武報告稱拿破崙的毛髮裡含有砒霜，卻沒有說明毒素是如何進入頭髮的。那麼，它是被加進食物裡的嗎？還是在他服用的藥物裡的？又或者是來自煤灰、木煙和防腐劑？但最近的分析顯示，拿破崙的毛髮裡除了砷還含有大量的溴、鐵、汞、鉀和銻，所以調查員得出結論：拿破崙毛髮裡的砒霜是因為受到環境污染的可能性更大。[*16]

毛髮成了食品添加劑？

髮幹的百分之九十三由蛋白質構成，如果我們能消化毛髮的話，它就能成為一頓營養豐富的晚餐。事實上，毛髮的某些成分確實可以被當作動物和人類的食物。工業化學家發現，高溫和高壓會使羽毛（包括角蛋白）和毛髮分解成可溶解的蛋白塊，而這些蛋白塊可以當作動物食物的補充。目前，在西方雖然毛髮還沒被廣泛用作蛋白質添加劑，但溶解的羽毛已經是了。在家禽養殖業裡，供雞食用的蛋白質有百分之二來自羽毛。[*17] 然而，食用這種添加了羽毛或毛髮提取物食物的動物並非只有雞。

在食品行業，半胱氨酸被用作食品添加劑，這種物質有些就是從人類毛髮中提取的。*18 把半胱氨酸與糖混合會產生一種化學衍生物，能夠使食物具有肉的香味，而且還能根據糖的分量調製出牛肉、雞肉和豬肉等不同口味。這些調味劑被添加進許多加工食品中。為了讓麵團軟化易於加工，烘焙師也會往生麵團中添加半胱氨酸，其作用就是打破雙硫鍵，讓大量小麥麩質蛋白網分離。用半胱氨酸軟化的麵團可以烤出體積更大的麵包。出於這個目的，用鴨了羽毛和人類毛髮提煉的半胱氨酸便漸漸地被加進甜點、披薩、玉米餅、蘇打餅、餅乾、牛排、漢堡、貝果和法式長棍麵包裡。所以，毛髮的某些成分確實進入了食物當中，這對很多消費者來說是件意想不到的事，但這也只是毛髮在人類生活中起到諸多作用的冰山一角而已。

後記——

未來一瞥

萬事萬物都在發展變化，只有理髮師、理髮師的工作方式以及理髮師的環境除外。

——馬克・吐溫（Mark Twain）〈漫談理髮師〉（About Barbers）*1, 2

馬克・吐溫描述的理髮店至少是一個世紀以前的，但與今天我常去的沒多大差別。事實上，現在的理髮店會讓人有點懷念之前的時代。首先，與其他在市中心的商業店鋪不同，大部分理髮店仍然是個體獨立經營，不需要特許授權。其次，除了不停製造噪音的電視機與之前有所不同，如今的理髮店陳設仍然很傳統，包括鋪著白色瓷磚的地面、掛在牆上的一面面鏡子、紅木櫥櫃、大理石架子和王座般的旋轉椅。最後，理髮的環節依然包括梳理、修剪和精剪。而當理髮完成後，落在背上的碎髮依然令人發癢，地上也落滿一撮撮頭髮。但頭髮的護理體驗發生了很大的變化，因為科學技術取得了極大的進步，能夠以令人興奮的方式提供很多享受。

機器人理髮與植髮

有遠見的人曾預言未來理髮將會變得越來越機械化。目前已經有一款名叫「自動剪」（Robocut）的自動理髮設備問世，它在修剪頭髮時不再需要傳統的梳子和剪刀。這個設備配備了一台風扇，風扇會把頭髮吸進一條管子裡，管子的末端是用來修剪頭髮的移動刀片。目前「自動剪」還是掌上型設備，需要人工作業，但其發明者亞佛烈德・納特拉謝夫斯基（Alfred Natrasevschi）確信，這種裝置經過改良後可以做到理髮完全自動化。*3 你可以給剪髮機器人程式設計，讓它記住客戶頭部的尺寸和要求的髮型，從而不斷地為客戶剪出理想的髮型。只要稍加改進，還可以讓剪髮機器人為顧客清洗頭皮和頭髮，甚至還能在不接觸頭皮的情況下單獨清潔頭髮。除此之外，機器人還能為鬆垂的頭髮噴塗化學製劑，讓髮幹強韌、彎曲、拉直或染色。

這項技術雖然可行，但仍存在一些障礙。第一，理髮師和工程師必須證明機器人的剪髮技術和理髮師的一樣好。第二，與傳統剪髮相比，顧客必須更青睞這種新的剪髮體驗。第三，這項新技術的投資者必須提供龐大的開業資金。雖然設計和製造這種自動剪髮機器人樣品成本很高（一千萬美元到一千五百萬美元不等），但在批量推廣之後其成本會顯著下降。為了能讓美容美髮店引進這種機器人，最初的投資者必須向人們展示它們的高效：各種令人滿意的髮型，和專業造型師一樣迅速，價格更具競爭力。

但除了理髮的技術，正在進行的基礎研究表明，未來我們將擁有可以從根本上改變頭髮生長的方法。五十多年前，紐約的皮膚外科醫生諾曼•奧倫特雷（Norman Orentreich）展示了從頭皮側面移植到禿頂部位的毛囊能夠像未移植過一樣正常生長。[*4] 這是一個意想不到的發現，因為這表明了每個毛囊都是獨立的，不受周圍毛囊的影響。奧倫特雷聲稱，通過這種方法，他可以把身體任何部位的健康毛囊移植到脫髮部位以治癒禿頂。[*5] 這一發現促使毛髮移植這一外科新專業建立，從那時開始，毛髮移植就成了禿頂的常規療法。

在移植毛髮時，外科醫生會從病人的後腦頭皮切下薄薄的一層，然後從中分離出一個個單獨的毛囊，或者用外科打孔器來移出一個個毛囊。之後，醫生會把分離出來的毛囊逐一移植到禿頂部位。儘管手術費很貴——大概六千美元——可一旦移植的毛囊長出毛髮，就意味著患者的禿頂「治癒」了。[*6] 現在禿頂的地方有頭髮覆蓋了，而且那些頭髮會繼續生長，有生之年都不會停止。移植手術安全有效，結果即便不完美，也絕對可以令人滿意。

博斯利醫療集團（一家植髮公司）的董事長肯．沃辛尼克（Ken Washenik）博士說，雖然百分之九十的禿頂男性希望頭髮可以再生，但只有百分之十的人會選擇植髮，大部分人在手術和高昂的手術費面前打消了念頭。然而，需求依然是巨大的，並且還在不斷增長。二〇一四年，全世界有四十萬病人接受治療，人數幾乎是二〇〇四年的兩倍。[*7] 沃辛尼克預測，隨著熟練的醫療助手（代替價格高昂的外科醫生）和機械化設備越來越多地參與到植髮過程中來，頭髮移植的費用將會降低。

事實上，機器人已經開始在這個冗長沉悶的過程中協助外科醫生了。目前的機器人可以在剃光頭髮的頭皮上找出合適的毛囊，然後一次一個地將它們提取出來。由於機器人不再需要切下頭皮，因此手術過程出血更少，毛囊也無需剝離，還有創傷小、恢復快等好處。機器人知道替代毛囊在哪裡，如何提取毛囊以及把替代毛囊植入哪裡。工程師相信，二〇二〇年機器人將能學會如何把毛囊植入皮膚，這樣它們就能夠實施整個毛髮移植手術了。[*8] 目前，機器人已經被人們普遍接受，因此可以合理推測，到二十一世紀中葉，機器人植髮手術將會更普及、更廉價。

毛囊再生技術

無論是人工植髮還是機器人植髮，其主要局限在於毛囊數量的固定。將一個地方的毛囊移植到另一個地方，這其實是種拆東牆補西牆的做法。在三次或更多次的移植後，如果外科醫生（或機器人）仍然從同一地方提取毛囊，這個地方就會越來越像禿頂的部位。到這個時候，病人和醫生就會對如何產生新毛囊更感興趣，因而他們會求助於生物工程師。

生物工程師是再生醫學領域的領軍人物，致力於研究肢體、器官和組織的再生，為那些身體部位缺失的人們提供替代品，比如為斷腿的士兵提供再生腿、為糖尿病人提供新的腎臟以及為先天性心臟瓣膜缺失的兒童提供人工心瓣。任何器官的再生都需要幹細胞，如我們所知，這

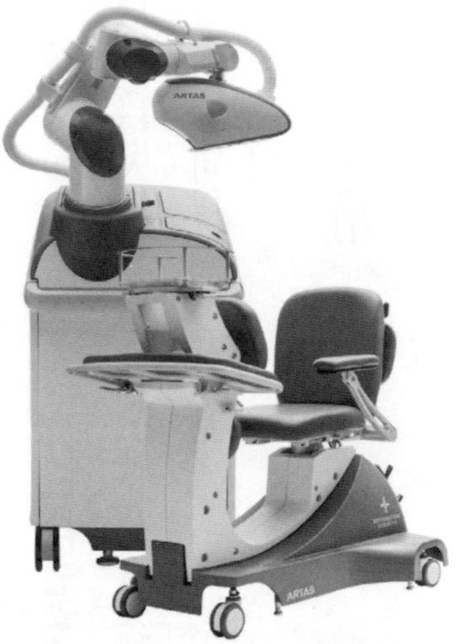

毛髮移植機器人。機器人會找到毛囊，然後提取出來，再在頭上畫出需要移植的切口。（醫療修復機器人有限公司授權使用）

些細胞還具有產生更多幹細胞的獨特能力；也就是說，這些細胞可以再生器官：肝臟幹細胞可以產生新的肝臟，胰島幹細胞可以產生分泌胰島素的胰島。毛囊同樣也有幹細胞，當這些細胞被分離出來並和真皮乳突細胞結合時，就會產生新的毛囊。

所以生物工程師的任務貌似很簡單：從毛囊裡提取幹細胞，然後使之與真皮乳突細胞結合，形成毛囊前體細胞，最後把它們交給植髮醫生（或者植髮機器人）移植到病人頭皮的適當位置。實際上，在實驗室裡，科學家早就用老鼠的毛囊細胞成功培養出成熟的毛囊了。所以，從分離的細胞裡培養出毛囊是完全可能的。但從應用外科手術上看，這項技術仍存在局限性：第一，這項研究是用老鼠細胞完成的；第二，在組織培養中，細胞沒有增加。

針對第一點，生物工程師認為如果老鼠的細胞可以產生毛囊，那麼人類的細胞也同樣可以，但這個理論還有待證實。第二點涉及產生更多新毛囊的能力。這就是說，在實驗室裡用較少的毛囊培養成千上萬的新毛囊。生物工程師只有在組織培養中培養出毛囊幹細胞才能做到這一點。在組織裡培養幹細胞極為困難，因為如果條件不對，它們就會忘記自己是幹細胞；更糟糕的是，它們甚至會完全忘記自己是毛囊細胞。事實上，這就是現在生物工程師面臨的主要困難：確保幹細胞在組織培養中獲得所需的一切。

過去幾年的初步試驗表明，人類的幹細胞在組織培養時可以生長並保留形成毛囊的能力。

但是，只有當科學家能夠反覆再現這一現象時，才能進入下一環節，即探索如何把細胞從實驗室轉移到醫療診所，以及如何把它們植入頭皮。同時，我們還需證明，每次植入的幹細胞形成的毛囊都能產生髮幹，而且這種再生過程是安全的。這些研究會產生基於細胞的新療法，而且這些療法將會出現在頭髮護理中心，但目前的科學還遠遠做不到這一步。雖然把幹細胞再生的毛囊應用於臨床治療還需幾十年，但毫無疑問，這項技術將來一定會實現。

二〇一二年的諾貝爾生理學或醫學獎被授予約翰・戈登（John Gurdon）和山中伸彌（Shiya Yamanaka），他們的研究表明，一類細胞可以被一種特殊的化學混合物轉化成另一類細胞。山中伸彌報告稱，將四種特殊生長因子[*9]的混合物注入任何細胞都可以使其轉變成幹細胞。這一發現對生物工程師來說具有開創性，因為這使得他們可以用任何細胞獲得想要的細胞——只要他們知道正確的生長因子。這項新技術讓生物工程師可以把一個成熟細胞重新程式設計為幹細胞、一個成熟細胞變為另一個成熟細胞甚至讓癌細胞變回正常細胞。這一技術的應用在世界各地的實驗室取得許多重大成就，包括將膽囊細胞變為肝細胞[*10]、結締組織細胞變為心肌細胞[*11]以及骨骼肌肉細胞變為血管細胞[*12]。

研究面臨的挑戰是找出適當的生長因子，誘導真皮細胞變成我們想要的毛囊細胞。有了這項技術，我們就不再需要分離、培養或注射幹細胞：只要使用一定的生長因子就可以達到目的。

因此，許多科學家都在積極尋找這種新的生長因子。但我們如何將這種生長因數注入皮膚需要毛囊的地方呢？

當你因為頭痛吞下一片阿斯匹靈時，它會進入血液，然後血液會把它帶到各個身體器官和組織，包括毛囊；但是，對於頭痛來說，只有當阿斯匹靈進入腦部血管時才會起到止疼的作用。這不是高效利用阿斯匹靈的方法，顯然也不是傳輸毛囊（包括生長因子）的方法。畢竟我們只在特定的區域需要毛囊，而不是全身。那麼生物工程的目的就是把這種強力的「化學變身雞尾酒」傳輸到我們需要毛髮的地方。我們的傳輸必須非常精確，而實現這種百發百中的傳輸最有前景的方法之一就是奈米顆粒。那是一種非常小的圓形化學粒子，直徑只有百萬分之一英寸，能夠攜帶和運輸物質。它們非常小，能夠讓攜帶的東西進入任何生物細胞或器官。奈米顆粒在體內擴散的方式取決於它的表面。如果它的表面是由脂類構成（脂肪），它就會自動導航至有油脂的地方，如細胞膜。如果它的表面是帶負電荷的，它將導航至帶正電荷的表面。如果它的表面具有雄性激素，它將附著在帶有雄性激素受體的細胞上。因為可以使它們定向至某一具體位置（如雄激素受體），所以我們可以設想，一旦我們知道了這種重要的「化學雞尾酒」是什麼，就可以利用這種聰明的顆粒向細胞提供形成毛囊的化學物質。雖然有了奈米顆粒這個傳輸介質，但我們仍需更深入地瞭解生物學。頭髮護理沙龍也負責處理不想要的毛髮。有些客戶想一勞永逸地除掉某些不需要的毛髮。永久性去除毛髮不是一件容易的事，因為毛囊具有強大的再生功能，想要殺死它們，毛囊的上皮和周邊的真皮結構可得吃不少苦頭。今天，化妝師使用電解和雷射來完成這項工作。電解會燒焦和破壞任何大小或顏色的毛囊，因為這個過程依靠向整個毛囊及其周邊傳遞熱量完成。雷射脫毛是個更好的選擇，因為它更易實施並且疼痛更少，只有毛囊底部有色素的部分才會吸收能量。今天雷射治療被認為是非常安全的，以至於這個過程甚至可以自助進行。

有些顧客也許會希望暫時去除毛髮，這種要求更具挑戰性。今天，如果你想在去除毛髮的同時保留毛囊的話，要麼借助剃刀，要麼就用可以溶解毛髮結構的化學脫毛膏。但一定還有更好的辦法。我們前面提到過負生長因子控制著毛囊的形成和循環。這種新見解也可以應用到皮膚上，即通過植入負生長因數，暫時阻斷毛髮生長。這些負生長因子會使毛囊處於靜止期，也就是毛髮生長循環中的休止期。如果我們想在接下來的幾十年裡從這種方法中受益，必須解決一些問題：我們要使用哪種生長因子或生長因數混合物，濃度是多少以及如何使用？雖然這些問題如今還未得到解決，但可以肯定的是，這種方法是可行的，並且在二十一世紀內一定會應用在頭髮護理領域。

未來理髮店

相對於傳統的理髮店或美容店，科學家預測未來的理髮店將能提供更多體驗，它將包含一個美容中心應有的全部設備。對於髮型各異的人們來說，它將是一站式的美容護理中心，就像一條交通便利、各種美食攤位齊全的街道。這個中心將會高度機械化，並擁有龐大資料庫和機器助手的支援。那裡不僅有營養師和運動教練，還有紋身服務、眼部及指甲護理、皮膚護理等設施。此外，還會有電腦協助編織、佩戴和護理假髮。不僅如此，還會有除毛站（既可以永久除毛，也可以暫時中止毛髮生長）、機器人協助的毛髮移植站和有著現成生長因子產品的生髮站。在這個中心，技術高超的美容師會全程監督並實施大部分今天由外科醫生實施的美容手術。這是一個令人激動的未來，讓人不禁聯想起過去的外科醫生兼理髮師。除了這些，如果二十一世紀能夠像二十世紀一樣，在技術和科技上取得巨大進步，那我們現在的預測也只是九牛一毛。

毛髮在人類歷史中扮演了重要的角色，這種神奇的纖維在未來依然會和我們打交道。我相信，如果地外生命對我們毛茸茸的外表感興趣的話，毛髮將成為我們之間首次對話的一部分。當然，如果地外生命沒有它們自己意義上的毛髮的話，我會相當吃驚的。

致謝

寫書就像踏上一場嚮往已久的旅行，過程中有不同階段：確定旅行目的地，收集資訊，制定旅行計畫，歷盡艱辛到達目的地。而到達之後再分辨什麼是值得的，什麼是必須的以及什麼是可以捨棄的。最後結識並感謝那些沿途遇見的人——從公車司機到旅行團領隊再到麵包師，是他們讓這次經歷得以實現並具有價值。

這趟旅程如果沒有眾多朋友的慷慨相助，給我鼓勵，提出想法，指正我的錯誤，為我提供材料，我就不可能完成。雖然真正的開始是在我的理髮師提出問題之後，但其實湯姆・喬治（Tom George）早在理髮造型設計研究院的耶誕節晚宴上就提出了創作本書的建議。在我開始動筆之後，已故的知名紀實文學作家比爾・貝勒（Bill Beller）在如何寫就一本商業圖書方面給予了我很大的幫助。在寫作過程中，我有幸得到一些著名圖書館及其工作人員提供的資料，包括賓夕法尼亞大學、普林斯頓大學、德雷克塞爾大學、喬治亞理工學院、普林斯頓公共圖書館以及蘇格蘭國立圖書館。我感謝多次給予我幫助的同事，包括艾隆達・貝爾（Anonda Bell）教授、喬治・柯薩萊利斯教授、艾倫・赫爾斯科維奇（Alan Herscovici）、拉爾夫・波斯教授、喬治・羅傑斯

（George Rogers）教授、琳達・羅辛（Linda Rossin）以及肯・沃辛尼克博士。我還要感謝在特定話題上為我提供看法和幫助的蕾拉・科恩、瑞貝卡・埃斯梅（Rebecca Esmi）、朱麗・傑羅（Julie Gerow）、亞當・格林（Adam Green）、邁克・伊波利托（Mike Ippoliti）、查理斯・柯克派翠克（Charles Kirkpatrick）、伊夫・萊福（Yves LeFur）、理查・莫比、安德里亞・史崔爾（Andrea Stryer）、卡蒂亞・斯沃博達（Katya Svoboda）以及雷克斯・安德森（Rox Anderson）教授、佩特拉・阿克（Petra Arck）、裘蒂・布羅茨基（Judy Brodsky）、鐘正明（Cheng Ming Chuong）、伊蓮・福克斯（Elaine Fuchs）、柯林・亞霍達（Colin Jahoda）、帕拉迪・馬諾莫尼（Paradi Mirmirani）、羅伊・奧利佛、傑瑞・夏皮羅（Jerry Shapiro）、戴斯蒙德・托賓（Desmond Tobin）和安妮卡・沃格特（Annika Vogt）。多年以來，我一直承蒙維拉・普林斯（Vera Price）教授的幫助和提攜。以上諸位為我提出了許多非常有價值的建議，但篇幅所限，我不得不有所刪減。所以如果出現任何偏差，那也是我自身的不足造成的。

我很慶幸這個過程中有一位敏銳、敬業、嚴謹的文學代理人瑞吉娜・萊恩（Regina Ryan）耐心地給予了我很多指導。在構思寫作時，阿比蓋爾・威倫茨（Abigail Wilentz）委婉而富有灼見地建議我採用淺顯易懂的寫作方式和適當的修辭手法。我還得到飛馬出版社（Pegasus）的文學編輯艾瑞絲・布拉茜（Iris Blasi）的鼎力相助。她不僅欣賞我的看法，而且在寫作的最後階段與我緊密合作，最終完成本書。對此，我深表感謝。此外，我還要感謝飛馬出版社的團隊，尤其是克萊伯恩・漢考克（Claiborne Hancock）、貝琪・梅因斯（Becky Maines）、瑪麗亞・費南德茲（Maria Fernandez）以及希斯・羅迪諾（Heather Rodino）。

裘蒂・史坦恩（Judit Stenn）從頭至尾反覆閱讀過本書的內容，她不僅極大地鼓舞了我，還對正文、結構和寫作手法都提出了極具建設性的意見。除此之外，她還不厭其煩地改正我在創作中產生的一些錯誤。對此，我深表感謝。

專業名詞

脫髮症（Alopecia）：適用於各類脫髮的一般性術語，通常指頭部脫髮。

圓禿（Alopecia areata）：人體免疫反應通過打亂毛囊生長週期而引起的一種特殊脫髮形式。圓禿有幾種形式，包括局部性脫髮、頭部脫髮（全禿）以及全身脫髮（普禿）。

生長期（Anagen）：毛髮生長週期的一個階段。在此期間，毛囊最大，髮幹生長。

雄性激素（Androgen）：男性荷爾蒙。

雄性激素源性脫髮（Androgenetic alopecia）：也稱「男性脫髮」或「禿頂」。雄性激素脫髮由頭毛皮囊萎縮引起，最終會導致頭皮全禿。這種脫髮的發生必須滿足激素分泌異常和家族病史兩個條件。

安哥拉（Angora）：原本這個名字是指一種毛髮纖長而柔滑的山羊的，但現在也適用於所有毛髮纖長而柔滑的動物，比如安哥拉貓或安哥拉兔。

皮膚附件（Appendage to skin）：一種細胞組成的上皮突出物，能夠增加皮膚功能，比如毛髮、汗腺、皮脂腺、指甲。

非同步（Asynchronous）：指多個相同過程非同步發生。非同步毛髮生長描述的是毛囊的循環週期與周圍的毛囊無關。

理髮師兼外科醫生（Barber-surgeon）：已經消失的職業，既包含理髮師的工作，也包含一部分外科醫生的簡單職責。

棉絮（Batt）：一層經過梳理的羊毛。要獲得棉絮，要先把一部分羊毛放在一個名為「梳板」的梳理工具上，然後用另一個梳板在上面刷。梳毛工不斷重複這一過程，直到所有羊毛纖維的方向一致為止。這種從梳板尖齒上取下來的像網一樣的鬆散羊毛團就稱為棉絮。

海狸（Beaver）：一種齧齒動物，海狸帽是指用海狸皮或毛製成的高級禮帽，流行於十七和十八世紀。

放血術（Bloodletting）：中世紀理髮師兼外科醫生負責的一種醫療方法，包括從病人身上抽出血液，以便消除引起疾病的毒素。該手術在十九世紀末受到批判並最終停止實施。

鮑伯頭（Bob）：二十世紀早期在女性中流行的一種短髮髮型。頭髮的長度不會超過肩膀，一般只達到耳垂的位置。

鬃毛（Bristle）：油漆刷或筆刷的塗抹端，被稱為鬃毛是因為最初這些毛是從野豬身上取得的。

絨面呢（Broadcloth）：一種在寬幅織機上織就的高級羊毛布料。

梳棉（Carding）：用多齒的刷子梳理生羊毛使其纖維排列整齊的過程。最初的梳棉梳是曬乾的川斷續科植物（飛廉）的果實，梳毛工用這種工具給羊毛織物起絨。

退化期（Catagen）：毛髮生長週期的一個階段，此時毛囊停止產生毛髮，底部也開始收縮。

剪毛量（Clip）：在一次或一季裡從羊身上剪下來的羊毛量。

皮質層（Cortex）：髮幹中很厚的中心層，由充滿角蛋白的緊密結合的細胞組成。皮質層決定了髮幹的強度。

額前亂髮（Cowlick）：頭皮上某一區域裡成旋轉式生長的頭髮，常見於頭頂，但其他地方也可能出現。

角質層（Cuticle）：髮幹的最外層，由鱗片狀的細胞組成，這些細胞全部朝向毛囊底部。

真皮乳突（Dermal papilla）：真皮的一種小突起。毛囊和毛幹生長都需要真皮乳突的參與，它可以單獨使單層上皮細胞產生毛囊。

真皮（Dermis）：由間葉細胞構成的一層皮膚，對表皮起支撐作用。

捲線杆（Distaff）：羊毛在紡成線或紗之前纏繞的一根棍或杆。

髒辮（Dreadlock）：一種很長、扭曲、黏結的髮辮，最初盛行於牙買加的拉斯特法裡派成員。

外溫動物（Ectothermy）：血液是涼的。外溫動物自身不能產生體溫，靠吸收周圍環境的溫度來獲得體溫。

內分泌腺（Endocrine）：一種腺體，它會釋放一種或多種激素進入血液。

溫血動物（Endothermy）：血液是溫熱的。恆溫動物具有不依靠外界環境、自身產生體溫的能力。

表皮（Epidermis）：皮膚的最外層部分，由多層上皮細胞組成。

上皮細胞或表皮細胞（Epithelium）：一種集群性很高的細胞，它們彼此緊密地結合在一起，形成細胞層。

外根鞘（External root sheath）：毛囊最外部的上皮層。這個圓柱形的外層把毛囊與周圍的真皮分離開。

脫落期（Exogen）：毛囊生長週期的一個階段，在此期間，髮幹不斷脫落。

氈布（Felt）：通過把生羊毛加熱、皂洗、攪動再連續重擊而得到的織物。氈布靠羊毛纖維彼此交織和角質層的附著力連接在一起。

金屬環（Ferule）：刷子上的金屬帶，把刷毛固定在刷子把手上。

羊毛皮（Fleece）：當牧羊人使用這個詞時，他指的是從一隻羊身上一次剪下來的全部羊毛量。當裁縫使用這個詞時，他指的是既有羊毛又有皮膚的羊皮。

毛囊（Follicle）：一種向下生長的指狀表皮細胞。它是髮幹產生的地方，從毛囊延伸出來的是皮脂腺和肌肉。

縮絨或氈合（Fulling）：把織物縮絨製成氈布的行為。把織物放進溫暖的肥皂水裡，然後不斷捶打。之後用水沖洗並在張布架上拉伸（漂洗或製氈的人也被稱為漂洗工、洗滌工、縮絨工或打褶工）。

基因組（Genome）：生物體在DNA序列中儲存的所有遺傳資訊。

生長週期（Growth cycle）：一種生物系統，表現出不同的生長階段。毛囊的生長週期大致分為生長期、退化期和靜止期，在生長週期裡毛囊先變大再變小。細胞的生長週期涉及合成細胞成分（例如DNA），然後分裂成兩個細胞；細胞生長週期包括生長、休息和分裂三個階段。

生長因子（Growth factor）：一種細小的蛋白質，位於細胞外，可以刺激細胞生長、移動、改變形狀或產生另一種生長因子。

生長因子催化劑（Growth factor activator）：對某個系統有積極影響的生長因子（例如，它會促使某些細胞形成腎臟）。

生長因子抑制劑（Growth factor inhibitor）：對某個系統有負面影響的生長因子（例如，它會阻止某些細胞形成腎臟）。

行會（Guild）：中世紀一種專門化的工匠聯盟，為貿易提供標準和保護。

毛髮（Hair）：這個詞可以僅指髮幹，也可以指毛囊和髮幹。在本書中，這個詞僅指髮幹，但我們也用其指代毛皮、羊毛、鬍鬚和剛毛。

髮束（Hank）：一束鬆散的頭髮。

綜線（Heddle）：金屬絲或吊鉤，作用是把織機上的經紗分開，形成緯線（梭子）能夠穿過的梭口。綜線有利於複雜布料的製造。

內根鞘（Internal root sheath）：毛囊的一層，在髮幹向外生長時包裹著髮幹。內根鞘本身是由外根鞘包裹的。

角蛋白（Keratin）：線狀蛋白質的統稱，角化細胞的細胞質裡充滿了這種蛋白。充滿角質蛋白的細胞組成毛囊和髮幹，並賦予細胞拉伸強度。

紈絝子弟（Macaroni）：指遊歷完歐洲大陸回到英格蘭的花花公子，他們在旅行中見識到了義大利面和奇異的著裝方式（包括假髮）。

海狸皮成品（Made-beaver）：已經穿過一段時間的海狸皮（既有皮又有毛），這樣做可以使毛皮軟化並去除多餘的毛。

男性型禿髮（Male pattern baldness）：一種與雄性激素相關的家族性疾病，患者頭部的毛囊以特定模式縮小。毛囊變小的區域就會呈現「禿頭」。

馬塞爾捲髮（Marcel waves）：一種用加熱過的捲髮器燙成的髮型，這種捲髮器由馬塞爾・格拉托發明。

黑素細胞（Melanocyte）：一種製造黑色素並將其凝聚成黑素體的細胞。黑素細胞通過枝杈形細胞接觸髮幹角質細胞，以此傳遞色素。

黑素生成（Melanogenesis）：黑色素的生產過程。

黑素體（Melanosomes）：在傳遞給角質細胞前，存儲在黑色素細胞質裡的小塊黑色素。

布商（Mercer）：紡織品經銷商。

商人銀行家（Merchant-banker）：本書中，這一術語指為羊毛貿易提供資金支持的代理人。

美麗諾羊（Merino sheep）：原產於西班牙的綿羊品種，現在全球都有養殖。

假陰毛（Merkin）：戴在陰部的假髮。

間葉細胞（Mesenchymal cell）：一種存在於動物結締組織（如真皮）中的細胞。這些細胞能製造蛋白質基質，如膠原蛋白、軟骨和骨骼。

立毛肌（Muscle of the hair follicle）：一小束附著在生長期毛囊中部的肌肉，受到刺激時會牽引毛囊使其直立，從而使毛髮豎起來。

起絨（Nap）：通常指用刷子把短小的絨毛從織物表面刷起來，形成一個毛面；織物的絨面。

生物模式（Biological patterning）：細胞和組織的排列，以及彼此和外部環境的關聯。

生毛皮（Pelt）：還帶有毛的動物皮。

男式假髮（Periwig）：英國在十七和十八世紀對假髮的稱呼。特指男性佩戴的假髮，假髮後面梳成一條辮子。

假髮飾（Peruke）：法國在十七和十八世紀對假髮的稱呼。

褐黑素（Pheomelanin）：黑素細胞產生的細胞色素，能將頭髮染成紅色。

色素沉著（Pigmentation）：黑色素或褐黑素給毛囊細胞染色的過程。

潤髮油（Pomade）：用於梳理頭髮的香軟膏體。潤髮油使頭髮看起來順滑整潔有光澤。在過去，潤髮油包括蜂蠟、凡士林和豬油。

辮子（Queue）：由頭髮編成的垂於腦後的髮辮。

剛毛（Quill）：豪豬或刺蝟身上鋒利尖銳的硬刺。

生羊毛（Raw wool）：從羊身上剪下的未經任何處理的天然羊毛。

再生醫學（Regenerative medicine）：一種醫學專業，專門研究損傷、病變或缺失器官和組織的再生方法。

擦洗工（Scourer）：清洗羊毛原料的人。

皮脂腺（Sebaceous gland）：向毛囊管道分泌油脂的腺體，油脂使髮幹生長順暢，而髮幹又把油脂帶到皮膚表面。

皮脂（Sebum）：皮脂腺產生的油性物質。

感覺器官（Sensory organ）：一種布滿神經的結構，可以感受周圍環境的變化。

毛幹或髮幹（Shaft）：毛囊產生的絲狀物，由角蛋白細胞。由於角蛋白細胞已經死亡，因此無法生長或感知外界環境變化。

剪毛工（Shearer）：給綿羊剪毛的人。

梭口（Shed）：綜絲帶動經線上下運動時形成的讓梭子穿過的空隙。

梭子（Shuttle）：載有緯紗的小部件。在一台完整的織機上，織工在抬升的經紗下面移動梭子。

紡錘（Spindle）：一個錐形的木棒，底部有負重，用於給纖維加撚形成線。

老姑娘（Spinsters）：給紡線的人起的綽號，常指家裡的婦女。

幹細胞（Stem cell）：這種細胞具有分裂和形成兩個細胞的能力。這兩個細胞中一個再次產生幹細胞，另一個形成含有幹細胞的組織或器官。幹細胞的再生能力各不相同：有的可以形成一個完整的胚胎，有的只能再生出一種組織，如骨骼。

硫鍵（Sulfur bonds）：兩個化學原子之間的一種化學連結。半胱氨酸類相鄰的蛋白質之間會形成硫鍵。

同步（Synchronous）：指的是某一過程在同一時間發生。毛髮同步生長指所有毛囊在任何時間點都處在生長週期的同一階段。

川續斷科植物（Teasel）：川續斷科植物的多刺果實常被用來梳理羊毛。

靜止期（Telogen）：毛髮生長週期的間歇期。

張布架（Tenter）：一種可以把布料放在上面拉伸以便均勻曬乾的架子。

張布鉤（Tenterhook）：釘在張布架上的鉤子，在曬乾的過程中固定布料。

肢端毛囊（Terminal hair follicle）：一種很大的毛囊（比如頭部毛囊），能產生又粗又長的有色髮幹。

頭皮癬（Tinea capitis）：發生在頭皮上的一種感染，由噬發真菌引起。

螺紋線（Thread）：由長纖維的羊毛緊密纏繞形成。

甲狀腺激素（Thyroid hormone）：一種由甲狀腺釋放的內分泌激素。

生物組織（Biological tissue）：一種獨特的細胞，是所有器官（如脂肪組織、骨骼組織、軟骨組織和肝臟組織）的構成物質。

細胞組織培養（Tissue cell culture）：在實驗室燒瓶中由動物組織培育出細胞的技術。

髮藝（Tonsorial）：理髮或與理髮相關的藝術。

剃度（Tonsure）：在成為牧師或僧侶的宗教儀式上修剪或剃掉頭髮。

移植（Transplant）：把某一組織從身體一處移動到另一處的外科手術。就毛髮移植而言，外科醫生將毛囊從頭皮的一側移到頭頂沒有頭髮的地方。

髮綹（Tress）：人類的一縷頭髮。

底毛（Undercoat fur）：大多數非靈長類哺乳動物皮膚上密佈的或捲或直的細短毛，通常都被粗長的保護毛覆蓋著。

毳毛毛囊（Vellus hair follicle）：一種很短的毛囊，能產生細小的短毛纖維，其厚度不超過三個紅細胞，以至於被這些毛髮覆蓋的部位看起來「光禿禿的」，如額頭和鼻子。

經紗（Warp）：織機上垂直的線。在最簡單的編織中，緯線在經紗上下交替地運動。這個過程裡，用綜絲協助抬起經紗，形成供緯線穿過的梭口。

立式織機（Warp-weighted loom）：原來的織機是垂直作業的，經紗的一端繫有重物，使其在織機上向下運動。

織造（Weaving）：將水準的緯線編織進垂直排列的經紗裡的過程。

織機（Weaving loom）：保持經紗平行並允許緯線與其垂直交錯形成網狀的框架。一台真正的織機還包含綜絲，用來提升經紗以形成梭口。

用在編織中的緯線（Weft in weaving）：在織造過程中前後水準運動的紗或線；同緯紗。

用在假髮中的緯紗（Weft in wigs）：編織在線繩上的一串毛髮，這串毛髮隨後會被繫到假髮上。此外，這個詞也指黏貼在眼皮上的假睫毛。

鬍鬚（Whisker）：指面部、上唇、下巴和臉頰的毛髮。也指觸鬚，是大多數哺乳動物的主要感覺器官，位於上唇。

頭座（Wig block）：頭形的木製底座或塞滿木屑的帆布底座，用於製造和造型過程中放置假髮。

假髮基底（Wig foundation）：一張頭形的網，把毛髮綁在上面就製成了假髮。

羊毛織物（Woolens）：用紗線（粗略紡成的羊毛線）紡織或編結成的布料。這些布料通常有一個絨面。

精紡線（Worsted Thread）：用長纖維精心紡成的羊毛線。

精紡織物（Worsteds）：用精紡線織成的布料。這種布料沒有絨面，而且在成品布料上很容易看到編織紋（不同於氈合布料裡的隱性編織紋）。

紗線（Yarn）：用短羊毛纖維粗略紡成的羊毛線。

章節注釋

第 1 章

1. Warren et al. "Genome Analysis of the Platypus Reveals UniqueSignatures of Evolution." *Nature* 455,2008:256.

2. Dean I and Siva-Jothy MT. "Human Fine Body Hair EnhancesEctoparasite Detection." *Biology Letters* 8,2012:358–361.

3. Amoh Y,Li L,Katsuoka K,and Hoffman RM. "Multipotent HairFollicle Stem Cells Promote Repair of Spinal Cord Injury and Recovery ofWalking Function." *Cell Cycle* 7,2008:1865–1869.

4.與其他動物不同，除了肌肉運動產生的熱量外，哺乳動物和鳥類還具有自主產生體溫的能力。因為這一特性，哺乳動物和鳥類被認為是溫血動物。此外，由於體溫幾乎是恆定的（鳥類是42℃，哺乳動物是37℃），它們也被稱為恆溫動物。依靠太陽獲得溫度的烏龜被稱為外溫動物，並且因為體溫每天都在變化，它也被稱為變溫動物。恆定的體溫是動物進化的重要里程碑，它使得動物在日常和季節性的環境溫度變化面前獲得一定獨立性，能夠更好地適應各種棲息地。

5.早期的哺乳動物很可能以冷血的恐龍為食。最近有報導稱在中國遼寧發現了白堊紀早期的一種三錐齒獸目的哺乳動物，並在其胃裡發現了幼年的鼻角龍化石。目前還不清楚當時這種哺乳動物是否已經開始利用它的溫血優勢。Hu Y,Meng J,Wang Y,and Li C. "LargeMesozoic Mammals Fed on Young Dinosaurs." *Nature* 433,2005:149–152.

6. Ballantyne A.“Hypothermia:How Long Can Someone Survive inFrigid Water.”*Scientific American*,January 16,2009.

7. 材料的導熱性：銅的導熱係數為 401，羊毛和毛髮為 0.05，水為 0.58，空氣為 0.024。http://www.engineeringtoolbox.com/thermal-conductivity-d_429.html.

8. 一旦人類失去濃密的體毛並獲得排汗的能力，他們就能以巨大的領先優勢超過獵豹；你可以想像體溫過高的獵豹被光溜溜、滿身大汗的猿人追捕的場景。

9. Ruxton GD and Wilkinson DM.“Avoidance of Overheating andSelection for Both Hair Loss and Bipedality in Hominins.”*Proceedings of the National Academy of Science* 108,2011:20965–20969.

10. 熱量控制是動物生物學中一個重要、複雜又神奇的組成部分，同時也是進化的驅動力。人類和動物有許多方法來適應環境溫度，毛髮只是其中之一。有保存熱量的反射性方式，如限制血液流向四肢和打寒顫來產生熱量。還有主動性保存熱量的方式，如通過遮蔽物（如衣服）來減少裸露的身體面積、抱團取暖等。當然還可以通過更複雜的方式來保存熱量，這就涉及一種特殊的棕色脂肪細胞了。達爾文在他的著作《乘小獵犬號環球航行》（*The Voyage of the Beagle*）中記述，人們對同一溫度的反應可能大不相同。他表示，火地島的印第安人常年裸露身體，即使是冬天也只是靠一條披巾抵禦寒風。他寫道，「有一個火地島家庭，他們住在山洞裡，十分友善，很快就加入到我們的篝火晚會裡了。我們都穿著衣服，坐得離篝火很近，即使這樣我們也不覺得太熱。讓我們驚訝的是，我們看到這些火地島人全身赤裸，坐得離篝火很遠，卻還是像被火烤一樣滿頭大汗」。達爾文看到的是適應性生熱作用，這是一種與正常的溫度設定值略有不同的過程，導致不同的動物對周圍溫度的反應不同。

11. 關於家庭結構和一夫一妻制的解釋有很多，詳見 PM Kappeler, "Why Male Mammals Are Monogamous." *Science* 341,2013: 469–470。

12. 非洲冠鼠背上生長著一種奇特的毛，長而筆直，中間是空的，可以吸收很多液體。冠鼠將夾竹桃有毒的根、皮粉碎，然後塗抹在這些毛上，長毛吸收毒素後會變成致命武器。當受到威脅時，冠鼠會弓起背，毒毛指向襲擊者。被這種毛扎一下就足以讓襲擊者患病甚至死亡，因此冠鼠很快就變得臭名昭彰。

13. 有生物學家提出了一個有趣的觀點（儘管還未被證實），人類特殊部位的毛髮——就像其他動物一樣——能像觸鬚一樣向周圍釋放帶有某種資訊的氣味。例如，生長在腋下和腹股溝處的毛囊有額外的腺體，稱為「大汗腺」，會將充滿蛋白質的分泌物排入毛囊管的上部。這些分泌物隨著生長的髮幹被帶到皮膚表面，讓腋下變得多汗而潮濕。由於這些分泌物是由性激素引起的，所以也被當做青春期的第一個標誌。這些分泌物屬於有氣味的資訊素，會被認為可以激發接收者的某些社交行為，比如吸引異性以及定向交配。雖然這一觀點新穎、合理並被廣泛接受，但支持這個觀點的實驗目前還缺乏說服力。事實上，腋下氣味對人類繁殖行為的影響可以簡單地解釋為吸引力和排斥力。

第 2 章

1. 舉冰淇淋的例子只是為了解釋「梯度」這個詞，儘管這個例子簡化得有些極端。要知道，在這樣的城鎮裡，變數是非常多的，包括人群、交通、人行道、天氣等，這些都無法體現在例子中。雖然這個例子有點過於簡化，但我還是希望可以幫助讀者理解「梯度」這個現代建模理論中的關鍵字。

2.圖靈把構成梯度的生長因子稱作「成形素」。這個詞是圖靈用希臘語的詞根造的（希臘語中的「形狀」加拉丁語中的「產生」而成），指的是一種形成形狀的物質。他推測細胞會向鄰近的細胞釋放成形素，成形素擴散開來形成梯度。遠處的細胞會對成形素梯度做出反應，比如開始或者停止生長、開始移動、改變形狀甚至再釋放一種成形素。為了建立穩定的模式，圖靈發現必須具備三個條件：第一，正、負兩種成形素；第二，不同成形素的不同傳播速率，抑制劑要比催化劑傳播得更快；第三，成形素反作用於細胞，從而控制其成形素產物的能力。圖靈模型的基礎是細胞對成形素的處理過程。因為圖靈的論文在生物模式方面採用了非常概括的方法，所以許多其他研究者可以把這篇論文應用在毛囊的研究上，但其實圖靈並沒有特別提到毛囊。圖靈的實驗解釋了目前關於模式形成的觀點，但讀者需要明白，這個過程是很複雜的，而且仍有不解之處。

3. Klar ARS. “Human Handedness and a Scalp Hair-Whorl DirectionDevelop from a Common Mechanism.” *Genetics* 165,2003:269–276.

4. Weber B,Hoppe C,Faber J,Axmacher N,et al. “Association BetweenScalp Hair-Whorl Direction and Hemispheric Language Dominance.” *Neuroimage* 30,2006:539–543.

5. Murphy J and Arkins S. “Facial Hair Whorls(Trichoglyphs)andthe Incidence of Motor Laterality in the Horse.” *Behavioural Processes* 79,2008:7–12.

6. Tirosh E,Maffe M,and Dar H. "The Clinical Significance of MultipleHair Whorls and Their Association with Unusual Dermatoglyphics andDysmorphic Features in Mentally Retarded Israeli Children." *EuropeanJournal of Pediatrics* 146,1987:568–570.

7. Nowaczyk MJM and Sutcliff TL. "Blepharophimosis,MinorFacial Anomalies, Genital Anomalies,and Mental Retardation:Reportof Two Sibs with a Unique Syndrome." *American Journal of Medical Genetics* 871,1999:78–81;Wilson GN,Richards CS,Katz K,and Brookshire GS. "Non-Specific X Linked Mental Retardation with Aphasia Exhibiting Genetic Linkage to Chromosomal Region Xp11." *Journal of Medical Genetics* 299,1992:629–634.

8. Le Douarin NM,Ziller C,Couly GF. "Patterning of NeuralCrest Derivatives in the Avian Embryo:In Vivo and In Vitro Studies." *Developmental Biology* 159, 1993:24–49.

第3章

1. Dry FW. "The Coat of the Mouse(Mus Musculus)." *Journal of Genetics* 16,1926:281–340.

2.我們關於毛囊的討論大多開始於頭皮，儘管身體其他部位的毛囊也具有相似的結構和週期，但不同部位間還是存在差別的，特別是在每個階段的持續時間上。

3.和其他細胞一樣，毛囊細胞也有生物節律，而且這種節律一定程度上是由環境決定的。但因為細胞的生命是基於化學物的，我們還沒弄清楚是哪種分子敲響了鼓點。例如，我們已經發現在多數生物系統中存在一種生物鐘基因，它掌管著一天的進程，影響著生物的睡眠和活動時間。例如，如果這種基因遭到破壞，受影響的老鼠就可能在夜間睡覺，而它正常的同胞此時正在外面搜尋食物。這種反常的行為在實驗室的條件下可能沒有大礙，但在野外，白天閒逛的老鼠對那些食肉鳥類來說簡直就是極佳的口糧。令人驚訝的是，這種生物鐘基因在毛囊裡也有，其濃度隨著毛囊的生長週期不斷變化。令人不解的是，生物鐘基因與生物節律有關，而毛髮循環卻與生物節律無關。所以，在其他系統裡對細胞生長有重要作用的基因，被毛囊徵用來控制自身的循環。研究者已經發現，如果這些基因在毛囊裡的表達不正確的話，毛囊的生長就會中斷。而目前，我們還不清楚這些基因是如何影響毛囊的。

4. Hebert J M, Rosenquist T, Gotz J, and Martin GR. “FGF5 as a Regulator of the Hair Growth Cycle: Evidence from Targeted and Spontaneous Mutations.” *Cell* 78,1994:1017–1025.

5. Higgins CA, Petukhova L, Harel S, et al. “FGF5 Is a Crucial Regulator of Hair Length in Humans.” *Proceedings of the National Academy of Sciences* 111,2014: 10648–10653.

6. 柯林・亞霍達教授告誡說，雖然很多毛囊都有內置的演化來的生物時鐘，但毛囊很難判斷它們的時鐘是什麼，因為調節因素實在太多。（引自二〇一三年九月四日的電子郵件）

7. 雖然通常情況下這麼說是對的，但個別情況下，在大劑量地化療並服用環磷醯胺、噻替派和卡鉑等藥物之後，某些病人的脫髮可能無法逆轉。

8. 雖然早期的研究顯示所有幹細胞都有生長慢的特點，但漢斯・克萊夫（Hans Clever）教授和其他人已經發現還有一些具有幹細胞同時又不斷迅速生長的細胞。

9. Cotsarelis G, Sun TT, and Lavker, R. "Label-Retaining Cells Reside in the Bulge Area of Pilosebaceous Unit: Implications for Follicular Stem Cells, Hair Cycle, and Skin Carcinogenesis." *Cell* 61,1990:1329–1337.

10. 今天我們相信真皮乳突因子是直接作用於在表皮準備階段出現的表皮幹細胞，奧利佛、亞霍達及其他人就是利用這一因子來刺激新毛囊產生的。

第4章

1. 自與 Arck PC 二〇一三年九月六日的電子郵件交流：Arck PC,Handjiski B,Hagen E,Joachim R,Klapp BF,and Paus R. "Indications for a Brain-Hair Follicle Axis:Inhibition of Keratinocyte Proliferation and Up-Regulation of Keratinocytes Apoptosis in Telogen Hair Follicles by Stress and Substance P." *FASEB Journal* 15,2001:2536–2538;Arck PC,Handjiski B,Hagen E,Joachim R,Klapp BF,and Paus R. "Stress Inhibits Hair Growth in Mice by Induction of Premature Catagen Development and Deleterious Perifollicular Inflammation Events Via europeptide SubstanceP-Dependent Pathways." *American Journal of Pathology* 162,2003:803–814。

2. 通常情況下，正常的成年人不會產生新的毛囊。人類毛囊的形成一生只有一次，而且是在胚胎期。然而，最近的一項研究（Ito M,Yang Z,Andl T,Cui C,Kim N,Millar SE,and Cotsarelis G. "Wnt-Dependent De Novo Hair Follicle Regener-

ation in Adult Mouse Skin AfterWounding." *Nature* 447,2007:316–320）顯示，遭到嚴重割傷的老鼠在癒合過程中會產生新的毛囊。這一現象表明，癒合過程中存在著能使器官再生的工具。目前在人類身上還未發現這一現象。

3.波斯教授和他的團隊已經公開一些資料，這些資料表明在內分泌腺產生的激素也能在毛囊裡產生，並且這些毛囊激素的產生依賴於毛髮的生長週期。雖然我們還在研究激素如何反作用於產生它的毛囊，但我們也提出了毛囊產生的激素能否影響整個身體的問題。

4. Major RH. *Classic Descriptions of Disease*.Third Edition. Springfield,IL:CC Thomas Publisher,1965.

5.模式化的脫髮也發生在女性中，而且很常見，也很嚴重。我沒有集中討論這種疾病是因為對女性脫髮的瞭解還遠遠不及男性脫髮的多。在女性脫髮中，其遺傳因素、雄性激素依賴性及其發病機制都不確定。感興趣的讀者可參考 A.Messenger（*Clinical Experimental Dermatology* 27,2002:383）,P.Mirmirani。（*Maturitas*74,2013:119）,and W.Bergfeld（*Dermatology Clinics* 31,2013:119）論文。

6. Suetonius.*The Lives of the Twelve Caesars*, "On Julius Caesar." Translator J Gavorse.New York:Modern Library,1959:27.

7. Aristotle.*Generation of Animals*. Translator AL Peck. Cambridge:Harvard University Press,1943:525.

8. Hamilton J. "Male Hormone Is Prerequisite and an Incitant inCommon Baldness." *American Journal of Anatomy* 71,1942:415–480.

9. 雖然由漢米爾頓的生物觀測對我們瞭解男性脫髮的機制很重要，但現代讀者難免會難以接受他採用的實驗物件。為了弄清法律和道德對閹割的態度，我聯繫了康乃狄克州政府。我很感激來自康乃狄克州圖書館法律部門的琳賽・楊（Lindsay Yang）先生。他向我保證，沒有任何國家法律（在當時）明文禁止或允許這種做法。我們認為，在二十世紀的早期，閹割是一種醫學上認可的治療精神疾病和犯罪的手段。在我搜索的文獻中，沒有發現漢米爾頓在哪裡找到用於研究的閹割男性。

10. Hamilton JB.“Patterned Loss of Hair in Man;Types and Incidence.”*Annals of the New York Academy of Sciences* 53,1951:708–728.

11. 發育生物學家發現，頭皮頂部和頭皮兩側的皮膚與毛囊來自不同的胚胎組織。一個來自體壁中胚層，另一個來自表皮神經中胚層（Le Douarin NM,Ziller C,Couly GF.“Patterning of Neural Crest Derivatives in the Avian Embryo: In Vivo and In Vitro Studies.”*Developmental Biology* 159,1993:24-49）。知道這兩個區域的頭皮來自不同的胚胎部分是很重要的，因為不同的胚胎區域產生的組織具有不同的特性。

第5章

1. Plummer W.*People Magazine*,August 11,1997.

2. 引自 Bickley C. 二〇〇九年三月二日的電子郵件。

3. 大多數人把這種疾病稱為「脫髮」，但事實上，「脫髮」在醫學上的說法是指各種毛髮脫落，種類繁多。這一疾病的病因是身體把毛囊視為敵人，因此召集免疫細胞攻擊所有出現的毛囊。在這些患者中，毛囊一開始是正常生長的，但不久之後就受到攻擊，並在形成新髮幹之前就停止生長。儘管受到攻擊，但經過一段時間的休息和修復後，毛囊又開始了一遍又一遍的嘗試，但結果總是令人沮喪。雖然我們已經知道免疫系統可能會破壞毛囊細胞，但並不知道為何如此。卡莉・比克利患有嚴重的脫髮，但她的丈夫、孩子和親密的朋友都沒有。最近實驗室的家族性特定基因研究的成果表明，這種疾病有遺傳基礎。然而，臨床上持續困擾我們的是，在許多情況下，頭髮的生長會自發地恢復——即使在嚴重的情況下——而且與醫療、飲食、生活條件或情緒壓力沒有任何明顯相關性。這種不可預測性使必須評估治療效果的醫生陷入兩難境地：是阿斯匹靈起作用了，還是病人服用阿斯匹靈時疾病已經在自癒了？不幸的是，由於我們現在沒有能治癒的療法，患有嚴重脫髮的病人也只能繼續沒有頭髮的生活。

4. McConnell TH. *The Nature of Disease: Pathology for the Health Professions*. Baltimore: Lippincott Williams and Wilkins,2007:655.

5. 一九八一年，哥倫比亞大學一位有創意、有遠見並且很固執的皮膚病學教授維拉・普林斯和她的同事維姬・卡拉波克斯（Vicky Kalabokes）成立了全國脫髮疾病基金會（www.naaf.org）。這個病人支援組織成立的宗旨是「治療圓禿最好的方法就是與病友交流互動」。根據這個原則，基金會為脫髮患者提供與別人分享個人經驗和學習別人如何面對病情的機會。

6. West PM and Packer C. “Sexual Selection,Temperature,and theLion’s Mane.” *Science* 297,2007:1339–1343.

7.對頭髮的態度就像對性的態度一樣，帶有文化和情緒的烙印。沒有人想聽到自己正在脫髮的消息，這個話題如果出現在對話中，當事人就算不生氣，也多半會覺得尷尬。此外，頭髮在人類社會的首要作用是讓形象美觀，而不是感知事物。因此，幾乎所有文化都禁止人們在沒有明確許可的情況下觸摸另一個人的頭髮。

8. Christoforou,C.*Whose Hair?* London:Laurence King Publishing, 2011:3.

9.生活在推崇傳統文化社會中的人們，其髮型往往持續更久。他們的流行髮型也會循環變化，只是速度較慢。

10. Sherrow V. *Encyclopedia of Hair: A Cultural History*. Westport,CT:Greenwood Press,2006:300.

11. Basler RP.*Abraham Lincoln:His Speeches and Writings*. Cleveland,OH:World Publishing Company,1946:561.

12. Sears JR. "The Sane View of Anthony Wayne." *Harper's Magazine* 105,1902: 886.

13. Silverman RE. "Bald Is Beautiful.A Buzzed Head Can BeMasculine,a Touch Aggressive and,as a New Study Suggests,an Advantage in Business." *Wall Street Journal*,October 3,2012.

14. Sherrow V.*Encyclopedia of Hair:A Cultural History*. Westport, CT:Greenwood Press,2006:191.

15. Cutler WP,Cutler JP,Dawes EC,and Force P. *Life, Journal and Correspondence of Rev Manasseh Cutler*,LLD.Cincinnati,OH:.Robert Clarke and Company, 1888:231.

16. Mitchell A.,translator.*Gilgamesh:A New English Version*. New York: Simon& Schuster,2004.

17.因為鬍子的拉丁語是 barba，人們可以推測羅馬人是根據敵人蓬頭垢面的形象創造出這個詞的。然而，barbarian

（野蠻人）很可能來自一個希臘詞根，指的是外來者或不講通用語的人，跟頭髮沒有關係。不管詞的起源如何，在大多數社會中，人們都把蓬亂的長髮做為野蠻、未開化、不可信、捉摸不透、危險的標誌。

18. http://www.jewishgen.org/ForgottenCamps/Camps/AuschwitzEng. html.

19. Tharps LL.“Black Hair and Identity Politics”in A.Bell. *Hair*. Newark, NJ: Rutgers University,2013:24–26.

20. 一般的頭髮護理工具也被認為有性暗示。「鑲寶石的梳妝盒」這個詞語在日本暗指性祕密和女性的生殖器。「打開某人的梳妝盒」暗指女性把身體獻給男性。這個重要的比喻中，「梳」一詞會讓人聯想到頭髮。梳子控制頭髮，象徵著文化習俗控制自然性衝動。雖然有新意的追求者明白綁起來的頭髮也可以放下來，但恰當梳理和放置的頭髮往往暗示著有節制的性行為和自制力。做為一個年輕的女人，英國的維多利亞女王在公眾面前把頭髮盤成髮髻，但私底下卻讓頭髮披散。她為大不列顛及世界留下了九個孩子，這些孩子後來成為歐洲許多國家的國王或王后。

21. 佛洛伊德的信徒把頭髮的性信號作用發揮到極致。在一些譯文裡，頭髮的概念與性息息相關。他們認為，男人在地球上的功能——至少他的動物性機能——就是吃喝，然後繁殖。在佛洛伊德的信徒看來，男人大部分的時間都花在找伴侶或交配上，所以生活裡很小的細節也帶有性暗示。例如，頭髮就可以代表性經驗，是陰毛的具現，而個別人甚至將毛髮當作陽具的象徵（Berg C.*The Unconscious Significance of Hair*. Leicester:Black Friars Press Ltd,1951）。

22. 雖然男士去毛行為的持續時間、普及程度都有待觀察，但毫無疑問的是，現代的許多男人也想和女人一樣沒有體毛。

23. Sherrow V.*Encyclopedia of Hair:A Cultural History*.Westport, CT:Greenwood Press,2006:315; and Alexander B.“Per-

sonal Grooming Down There." 2005.MNSBC News, http://www.nbcnews.com/id/4751816_#.Va TSqPD9D8.

24. Allison A. "Cutting the Fringes:Pubic Hair at the Margins of Japanese Censorship Laws." in *Hair:Its Power and Meaning in Asian Cultures*.Editors A Hiltebeitel and BD Miller.Albany:State University of New York Press,1998.

25.二〇一五年全球毛髮修復協會表示，陰毛移植佔毛髮移植的百分之零點二，其中的百分之八十五發生在亞洲，這說明了一種文化價值觀。

26.出處同上。

27. Thompson JJ. "Cuts and Culture in Kathmandu" in *Hair:Its Power and Meaning in Asian Cultures*.Editors A Hiltebeitel and BD Miller.Albany:State University of New York Press,1998.

28. Jordan M. "Hair Matters in South Central Africa" in *Hair in AfricanArt and Culture*.Editors R Sieber and F Herreman. New York:Museum for African Art,2000.

29. 感謝阿本・納西（Arben Nace）提供的參考。

30. Bacuez L.*Priestly Vocation and Tonsure*.New York:Imprimatur John M Farley,Archbishop of New York,1908.

第6章

1. Dobson J and Walker RM.*Barbers and Barber-Surgeons of London:A History of the Barbers' and Barber-Surgeons' Com-

pany. Oxford:Blackwell Scientific Publishers, 1979.

2.在羅馬的基督教盛行時期，手藝人被稱為 tonsores（來自拉丁語 tonsorius，意即「剃鬚者」），他們刮鬍子、理髮、拔牙並實施放血術。放血術基於對身體狀況的最基本認識，即患病時血液會失去平衡，但可以通過放血來恢復正常。放血術的最初紀錄可以追溯到西元前五百年的一個希臘花瓶上。經過著名的希臘醫生蓋倫宣導後，放血術變得越來越重要，直至十九世紀末才被禁止。

3.在中世紀，行會是一種貿易組織，或由政府投資的兄弟會，它由擁有特殊技能的人組成。英國第一個有記錄的行會是由懺悔者愛德華在一〇六六年建立的，由年輕的貴族組成，有義務當著國王的面在史密斯菲爾德進行三場決鬥。從這時起，行會成為控制貿易的工具，並在需要時為國庫提供資金。工匠在沒有行會允許的情況下是無法從業的。此外，在愛德華二世的統治下，任何人（無論是不是城市的居民）都沒有公民自由權，除非他是某行會的成員。行會成員完全控制了他們這一行的交易：價格、市場、產品標準、會員資格以及培訓。每個行會都有自己的牧師和特別侍從。做為對這種特權的回報，行會必須對國王負責並在需要時為其提供一切資金，如愛德華三世在一三四〇年向倫敦行會索要五千英鎊支付百年戰爭的費用。到十三世紀，倫敦已經成立無數行會，包括馬具商、紡織工、金匠、裁縫和麵包師的行會。

4. Robinson JO. “The Barber-Surgeons of London.” *Archives of Surgery* 119,1988:1171–1175.

5.今天，理髮師和外科醫生之間的地盤爭奪戰仍在繼續。頭髮移植和面部整形都是整形外科的專屬領域，但仍有一些微創外科手術在與美容師爭奪市場，如紋身、脫毛、注射肉毒素、面部拉皮、鐳射皮膚治療。美容和醫療的分界仍然是一個衝突點，需要加強監管。雖然安全是首要問題，但兩者之間的商業角逐還是讓人想起十八世紀的理髮師與外科醫生的衝突。

6.進行解剖的機會體現了兩個組織之間的差異。四名囚犯已經「依照國王的法律被審判、定罪並處以死刑」，他們的屍體都移交給一名外科醫生用於解剖。理髮師兼外科醫生則不享有這種權利（Dobson J and Walker RM.*Barbers and Barber-Surgeons of London:A History of the Barbers' and Barber-Surgeons' Company*.Oxford:Blackwell ScientificPublishers,1979:34;and Jutte R. "A Seventeenth-Century German Barber-Surgeon and His Patients." *Medical History* 33,1989:184–198）。

7. Cox JS.*An Illustrated Dictionary of Hairdressing and Wigmaking*. London:BT Batsford,1989.

8. Abel AL. "Blood Letting:Barber-Surgeons' Shaving and Bleeding Bowls." *Journal of the American Medical Association* 214,1970:900–901.

9. Pennsylvania Code 2011:3.45,Commonwealth of Pennsylvania. Title 49.Professional and Vocational Standards.Chapter 3.State Board of Barber Examiners. January 8,2011.

10. Bristol DW.*Knights of the Razor:Black Barbers in Slavery and Freedom*.Baltimore: The Johns Hopkins University Press,2009.

11.同上。

12.同上。

13.目前還有三家理髮店仍具有不同風格的演唱：男士會唱〈理髮店是個和諧的地方〉，而女士會唱〈親愛的艾德琳〉。他們定期集會，並向喜歡唱歌的新成員開放。

14. Stanley J. "The Life of Benjamin Franklin;with Selections from His Miscellaneous Works." London:Simpkin,Marshall and Co,1849:55.

15. Sherrow V.*Encyclopedia of Hair:A Cultural History*.Westport: Greenwood Press, 2006.

第7章

1. 髮幹的強度取決於皮質層，即一個構成中間纖維的厚厚的圓柱層。像樹幹一樣，皮質層也是由緊密排列的細胞構成，細胞牢固地連接在一起，並沿著垂直方向延伸。在這種結構中，細胞由在無定形基質——分子膠——中規則排列的長絲構成。本質上，這種由長絲加基質構成的複合材料會表現出單個部分所沒有的強度：長絲纖維提供剛性，內部的基質抵抗壓力。在加固混凝土中，鐵條就像長絲，而混凝土就像基質；對於木材而言，纖維素就像長絲，而木質素就像基質；對於頭髮，角蛋白就是長絲，而角質相關蛋白髓質就是基質。雖然這三種材料之間的機制原理是相同的，但構成分子不同，分別是複雜的無機分子、碳水化合物以及蛋白質。正是髮幹的這種雙重複合結構，使得懸髮表演成為可能。

2. Bomont P,et al. "The Gene Encoding Gigaxonin,a New Member of the Cytoskeletal BRB/Kelch Repeat Family,Is Mutated in Giant Axonal Neuropathy." *Nature Genetics* 26,2000:370–374.

3. Clack AA,Macphee RD,and Poinar HN. "Case Study:Ancient Sloth DNA Recovered from Hairs Preserved in Paleofe-

ces." *Methods in Molecular Biology* 840,2012:51–56.

4. Koc O,Yildiz,FD,Narci A,and Sen TA. "An Unusual Cause of Gastric Perforation in Childhood: Trichobezoar(Rapunzel Syndrome).A Case Report." *European Journal of Pediatrics* 168,2009:495–497.

5.不要忘了，雖然羊毛是一種天然纖維，但它也是毛髮。

6.完全不知道被豪豬毛刺刺中的寵物有致命危險。Johnson MD,Magnusson KD,Shmon CL,and Waldner C. "Porcupine Quill Injuries in Dogs:A Retrospective of 296 Cases(1998–2002)." *Canadian Veterinary Journal* 47,2007:677–682.

7. Laufer B. "The Early History of Felt." *American Anthropologist,New Series* 32,1930:4.

第8章

1. Sankararanaman S et al. "The Genomic Landscape of Neanderthal Ancestry in Present Day Humans." *Nature* 507,2014:354-357.

2. Nagase S,Tsuchiya M,Matsui T,Shibuichi S,et al. "Characterization of Curved Hair of Japanese Women with Reference to Internal Structures and Amino Acid Composition." *Journal of Cosmetic Science* 59,2008:317–332.

3. 與非洲人、歐洲人相比，亞洲人的頭髮密度最低，但生長速度也最快。

4. Khumalo NP. "Yes,Let's Abandon Race—It Does Not Accurately Correlate with Hair Form." *Journal of the American*

Academy of Dermatology 56,2007: 709–710.

5. De la Mettrie R,Saint-Leger D,Loussouarn G,Garcel A,Porter C,and Langaney A.“Shape Variability and Classification of Human Hair:A Worldwide Approach.” *Human Biology* 79,2007:265–281.

6. Khumalo NP. 同上。

7. 從人類髮幹上剝離角質層會造成巨大損傷，因為角質層由十層角質細胞構成，層層覆蓋，就像屋頂上的瓦片：髮幹表面的每一個角質層細胞下面都有約十個細胞。

8. 活細胞組成了髮幹底層，一旦離開底層，它們就會固化並死亡。髮幹實質上是一群緊密聚集在一起的僵化細胞。

9. Robbins CR.*Chemical and Physical Behavior of Human Hair*.New York:Springer-Verlag,2002.

10. 同上。

11. 二〇一五年，全球所有的護髮產品市場份額估計為五百八十億美元，其中染髮劑佔一百億美元。

12. Bryer R.*The History of Hair:Fashion and Fantasy Down the Ages*. London:Philip Wilson Publishers,2005.

13. 一個分析頭髮顏色持久性的圖譜顯示，根據化學產品和染髮程式的不同，染髮的結果有暫時性、半永久性以及永久性的。這一章中我們只考慮極端情況。

14. 法醫調查員承認，染過的頭髮角質層是有顏色的，而自然的則沒有。

第9章

1.引自二〇一二年九月四日對假髮製造商杜夫曼（C. Dorfman）的電話採訪。

2.雖然一些驚悚的想法會讓故事充滿神秘感，但我得到保證，在任何情況下，現代假髮的發源都不會來自死者（引自二〇一二年十月十五日對莫比的個人採訪）。

3. Rai,S.“A Religious Tangle over the Hair of Pious Hindus.”*The New York Times*, July 14,2004.

4.很感謝M・米諾娃（M. Minowa）接受這次採訪（二〇一一年十一月）。

5. Ruskai M and Lowery A.*Wig Making and Styling*.Amsterdam: Elsevier,2010: 54–55.

6.引自二〇一五年八月十日對總部位於東京的愛德蘭絲集團的米諾娃的電郵採訪。

第10章

1. Lacy M.“Lone Bidder Buys Strands of Che's Hair at U.S.Auction.”*The New York Times International Edition*,October 26,2007.

2. Sieber R and Herreman F.*Hair in African Art and Culture*.NewYork:Museum for African Art,2000.

3. Esmi,R. *A Connecticut Family*.Master's Thesis.Middletown:WesleyanUniversity,1996.

4. Tait,H.,editor. *Jewelry:7000 Years*.New York:Harry N.AbramsInc.,1986.

5. Tuite C. "Tainted Love and Romantic Literary Celebrity." *English Literary History* 74,2007:59–88.

6. Esmi,R. *A Connecticut Family*.Master's Thesis.Middletown:Wesleyan University,1996.

7. 引自 2013 年 2 月 23 日對蕾拉·科恩的採訪。

8. Holden C. "Comment" in Bell A.*Hair*.Newark:Rutgers University,2013:78.

9. 人的頭髮無論是被剪下來用於製造藝術品還是仍然生長在頭皮上，都可以做為一種藝術媒介。事實上，正因其具有藝術價值，精心設計的髮型在大多數文化中都很受賞識。西方有許多獨特而有吸引力的傳統髮型，但現存的最精緻的髮型或許是撒哈拉以南非洲人的髮型。在這些地區，人們的髮型很複雜，涉及編穗、集束、修剪並添加飾物，如假髮、花飾和珠寶等。只有運用卓越的編髮技巧，花費大量時間才能打造出來。許多藝術形式都涉及頭髮，包括珠寶製造、繪畫、雕塑、詩歌、文學、舞蹈以及音樂。在這一章中，我們只舉珠寶製造和雕塑方面的例子。

第11章

1. 雖然無法確定人類製皮為衣的確切時間，但最近的基因測序研究給出了一種可能的猜測。這一猜測基於人類第一次穿上衣服的時間與體蝨出現的時間大致相同。這一猜測有四個支撐。第一，蝨子是非常挑剔的生物；事實上，離開人類溫暖的身體，這些生物活不過幾個小時。第二，頭蝨生存在頭皮上，那是它們唯一能舒適生存的地方（類似的，陰蝨只能生存在腹股處）。第三，雖然生存在人體的各種體蝨彼此間有關聯，但頭蝨是最古老的一種，極有可能是其他體蝨的祖先。最後，人類在體蝨出現前就失去了厚重的體毛，所以進化中的體蝨必須適應在身體其他毛髮裡的生活。基於這些觀測和基因測序研究，我們可以得出一個結論：頭蝨在人類其他體毛上進化成體蝨不晚於7.2萬年前。根據這一證據，可以推測出人類的穿衣歷史大致已有十萬年。

2.值得注意的是，佩皮斯每頂帽子花費四英鎊五先令，而他的年收入是三百五十英鎊。Wheatley B, editor. *Diary of Samuel Pepys*. New York:Random House, 1893:27 June 1661.

3. Phillips PC.*The Fur Trade:Volume 1*.Norman:University of Oklahoma Press,1961.

4. Whitthoft J. "Archeology as a Key to the Colonial Fur Trade." In Morgan et al.*Aspects of the Fur Trade. Selected Papers to the 1965 North American Fur Trade Conference*. St Paul: Minnesota Historical Society,1967:55–61.

5.印第安人與白人謹慎來往的證據來自早期的紀錄。一五三四年，卡蒂爾在加斯佩半島發現了一群想做貿易的土著，他記錄道：在進行交易之前，「他們讓所有年輕的女性離開」。這說明印第安人對來自歐洲的海員是心有防備的（Eccles WJ.*The Canadian Frontier* 1534–1760.Albuquerque:University of New Mexico Press,1983:13）。

6.引自二〇〇九年五月在蒙特利爾對艾倫・赫爾斯科維奇（Alan Herscovici）的採訪紀錄；二〇一四年二月二十五日進行的電話採訪：Herscovici A.*Second Nature:The Animal-Rights Controversy*. Montreal:CBCEnterprises,1985.

7.國際毛皮協會，網址為 www.wearefur.com。

第12章

1. Leggett WF.*The Story of Wool*.Brooklyn:Chemical Publishing Company,1947.

2.同上。

3.根據時間和地點，一袋羊毛的重量會有所不同。但是我們知道，一三三七年威廉・德・拉・波爾（William de la Pole）賣的羊毛每袋重三百六十四磅（Fryde EB.*The Wool Accounts of William de la Pole:A Study of Some Aspects of the English Wool Trade at the Start of the Hundred Years' War*.York:St Anthony's Press,1964），在其他年代，一袋羊毛則要輕得多。

4. Leggett WF. 同上。

5.一二七三年，英國商人只控制國內羊毛出口貿易的百分之三十。隨後，英國的商人和銀行漸漸接管這一業務，到十五世紀，國內銀行已經控制百分之八十的羊毛出口貿易。這一從外商銀行到國內銀行的支配權變化反映出英國人使用國產羊毛的演變情況（Lockett A.*Wool Trade*. London:Methuen Educational Ltd,1974）。

6. Powers E.*The Wool Trade in English Medieval History*.Oxford:Oxford University Press,1941.

7.一六六六年的殯葬法案，參考 http://www.british-history.ac.uk/report.asp?compid=47386。

8. Leggett WF.*The Story of Wool*.Brooklyn:Chemical Publishing Company,1947.

9. Origo,Iris.*The Merchant of Prato:Francesco Di Marco Datini*,1335–1410.New York:Alfred A.Knopf,1957:35.

10.參考 http://www.parliament.uk/site-information/glossary/woolsack。

11. Powers E.*The Wool Trade in English Medieval History*.Oxford: Oxford University Press,1941.

12. 參考 http://www.northleach.org/history/wool。

13. 現代牧羊人的生活也沒有得到多少改善。最近《紐約時報》報導稱，牧羊人的薪資很低，生活依然艱辛。接受採訪的牧羊人是柯提茲・瓦格斯（Cortez Vargas），他是美國一千五百名牧羊人中的一員。他驅趕著二千隻羊穿越洛磯山脈，在懷俄明州和科羅拉多州之間放牧；他七天二十四小時全天候工作，完全沒有假期，牧場主每月只付給他七百五十美元。他生活在五英尺×十英尺的拖車裡，沒有自來水可用。對此，牧場主爭辯說，在低利潤的羊毛生產行業裡，他們負擔不起更高的工資。在科羅拉多州法律服務部工作的律師珍妮佛・李（Jennifer Lee）描述牧羊人的生活就像「契約奴隸的現代形式」。最近美國勞工部頒布的提高牧羊人最低工資水準的政令也許有助於緩解這一問題。引自《紐約時報》二〇一五年十月十四日的報導。

14. Power E.*The Wool Trade in English Medieval History*. Oxford:Oxford University Press,1941.

15. 生物技術已經滲透到剪羊毛的過程。澳大利亞的科學家發現，皮下注射一種稱為「上皮生長因子」的小蛋白會引起羊毛脫落（引自 Moore GP,Panaretto BA,Robertson D.“Inhibition of Wool Growth in MerinoSheep Following Administration of Mouse Epidermal Growth Factor and a Derivative.”*Australian Journal of Biological Science* 35,1982:163–72; and *Bioclip Editorial Science* 281,1998:511）。這種生長因子會阻斷髮幹底部的細胞生長，促使髮幹的結構變得鬆散。兩週後髮幹就會斷裂羊毛脫落，人們就可以直接「撿」羊毛了。利用這種方法脫羊毛的優勢在於它迅速、簡便、有效、乾淨且不會損傷皮膚。

16.海狸和綿羊都有又長又直的硬毛和又短又捲的絨毛。羊毛和海狸毛很相似，只是特點和用途各不相同。海狸的短絨毛是製氈布和帽子的首選，而優良的長羊毛則備受紡織工的喜愛。

17.在中世紀羊毛貿易的鼎盛時期，最好的羊毛出自英國，但到十八世紀，來自西班牙的新品種羊——美麗諾羊——受到市場歡迎。美麗諾綿羊的祖先可能是由阿拉伯商人在七世紀從敘利亞和阿拉伯帶到西班牙的。在西班牙，這些綿羊與其他產毛綿羊雜交，其中也包括優良的英國品種。美麗諾羊在十三和十四世紀因其優質的羊毛為人熟知。但西班牙國王限制羊毛的貿易，因此無論是綿羊還是羊毛都未進入更大的歐洲市場，直到十八世紀末的喬治三世統治時期美麗諾羊才進入英國。自那時起，育種家把美麗諾羊引進到了世界各地。在十九世紀初的澳大利亞和紐西蘭，美麗諾羊催生了大量的羊毛產業。這個品種之所以成為最佳選擇，是因為它的羊毛富含羊絨：纖維纖細、捲曲，還很長。美麗諾羊毛的直徑還非常短，寬度範圍在二至六個紅細胞之間，這樣的寬度幾乎是看不見的。捲曲度是由自然捲曲的纖維長度和筆直的纖維長度比來表示的。對美麗諾羊毛來說，捲曲纖維有1.5～3英寸長，而筆直的纖維有10英寸；另一方面，粗羊毛在舒展和拉伸之後也可以達到相同的纖維長度。今天，羊毛工把美麗諾羊做為飼養過的最有價值的品種。

18.Jenkins JG,editor.*The Textile Industry in Great Britain*.London: Routledge&Kegan Paul,1972:85.

19.Broudy E.*The Book of Looms:History of the Handloom from Ancient Times to the Present*.Hanover:Brown University Press,1979.

20.文化人類學家認為，第一次使用羊毛製衣是以製氈的形式進行的，因為氈布很容易製造：收集羊毛、清潔羊毛、浸濕或加熱羊毛，然後壓縮羊毛。如今，人們無法確定第一次織造羊毛的時間是因為在潮濕、溫暖的條件下，毛髮很不穩定。有證據表明，人類在編織動物毛髮前使用的是植物纖維。二〇〇九年，哈佛大學的考古學家歐弗・巴爾－約瑟夫（Ofer Bar-Yosef）說，在大約 3.6 萬年前現代人類從非洲遷徙到高加索山區時，當地的人是用亞麻纖維進行紡織的。在同一地點，考古團隊還發現了一些扭曲的彩色山羊毛纖維。最早的紡織與羊毛織物可以追溯到大約 1.2 萬年前的北歐，而最古老的織機則出現在大約西元前五千年。

21. 雖然紡織可以在沒有綜絲的情況下進行（只是速度緩慢、效率低下），但考古學家認為，綜絲是一般織機都不可或缺的部件。

22. LE Fisher.*The Weavers*.New York:Franklin Watts Publishing,1966.

23. 參考 www.cirfs.org。

24. 參考 www.Sheep101.info。

25. 聯合國糧農組織，網址為 http://www.fao.org/agriculture/lead/themes0/climate/en。

26. Binkley C.“Which Outfit Is Greenest? A New Rating Tool.”*Wall Street Journal*, July 12,2012.

第 13 章

1. 引自二〇一三年七月二十五日對宣威－威廉斯公司的蘭斯・巴拉德（Lance Ballard）的電話採訪。

2. Walton I and Cotton C.*The Compleat Angler 1653*.Oxford:Oxford University Press,1982.

3.為了滿足彈跳功能，網球必須用當時最有彈性的材料製成。現代橡膠的彈性模量為0.1（當時並沒有），鋼為200，木材或木屑為11，亞麻為58，羊毛為3.4。因此，往一個需要有足夠彈性的球裡塞羊毛或毛髮是說得通的。

4.引自二〇一三年四月十五日在威爾遜體育用品店對西恩・弗林（Sean Flynn）的電話採訪。

5. Knutson R. “Recession Puts a Kink in Operation That Uses Locks to Soak Up Oil Spills.” *Wall Street Journal*,August 10,2009.

6.目前已經出現了可吸油的人工合成產品。例如，寶潔公司（位於賓夕法尼亞的蒂普頓）就在研製收集洩漏液體的吸收墊和吸附棒。不同的吸附劑可以製造不同的吸油產品。吸附棒含有聚丙烯，可以用於吸收洩露油脂。寶潔公司目前還沒嘗試過用毛髮製造吸附產品，但銷售部的成員認為，如果有行之有效的收集系統的話，毛髮可能是一個更便宜的選擇（引自寶潔公司公共關係部二〇一三年八月三十日發表的聲明）。

7. Nicas J. “Flawed Evidence Under a Microscope.” *Wall Street Journal*, July 19,2013.

8. Alexander KL. “DNA Test Set Free D.C.Man Held in Student’s 1981 Slaying.” *Washington Post*,December 16,2009.

9.參考 http://murderpedia.org/female.L/l/li-tianle.htm。

10.紐澤西州醫師考核辦公室，二〇一五年九月八日。

11.從頭髮中提取的ＤＮＡ可能來自細胞核，也可能來自線粒體。在早期的研究中，科學家只能分離線粒體中的DNA。由於線粒體是母系來源，所以這個DNA傳遞的資訊只反映了母系的特徵。最近，從頭髮中提取細胞核或DNA的方法使得頭髮成為提取DNA的理想來源。一組研究人員（Rasmussen M,Li Y,Lindgren S,et al. "Ancient HumanGenome Sequence of an Extinct Palaeo-Eskimo." *Nature* 463,2010:757–762）用格陵蘭永久凍土裡封存了四千年的古人的頭髮提取出有價值的DNA。頭髮的優點在於用於鑒定和復原人體資訊的DNA不在表面，而在髮幹內部（Gilbert MT,Tomsho LP, Rendulic S,et al. "Whole-GenomeShotgun Sequencing of Mitochondria from Ancient Hair Shafts." *Science* 317,2007:1927–1930）。因此，即使髮幹表面的DNA被沖洗掉也沒關係，而其他身體組織（如肌肉或骨骼）則不能被這樣沖洗，因為容易受到其他遺傳物質的污染，例如細菌。

12. Swardson A. "A Telltale Heart Finds Its Place in History." *Washington Post Foreign Service*,April 20,2000.

13. Kintz P. "Bioanalytical Procedures for Detection of Chemical Agents in Hair in the Case of Drug-Facilitated Crimes." *Analytical and Bioanalytical Chemistry* 388,2007:1467–1474.

14. Rashed MN and Soltan ME. "Animal Hair as Biological Indicator for Heavy Metal Pollution in Urban and Rural Areas." *Environmental Monitoring and Assessment* 110,2005:41–53.

15. Cooper GAA,Kronstrand R,and Kintz P. "Society of Hair Testing Guidelines for Drug Testing in Hair." *Forensic Science International* 218,2012:20–24.

16. Lin X,Alber D,Henkelmann R. "Elemental Contents in Napoleon's Hair Cut Before and After His Death:Did Napoleon

Die of Arsenic Poisoning?” *Analytical and Bioanalytical Chemistry* 379,2004:218–220.

17.二〇一三年對馬里蘭州柏杜雞家禽公司的漢克・伊格斯特（Hank Engster）的電話採訪紀錄顯示，雞飼料的百分之八十五是蛋白質，主要由大豆提供，但也有少量來自羽毛（百分之二）。羽毛粉價格低廉，而且半胱氨酸、纈氨酸和蘇氨酸含量優於大豆粉。雖然最常見的釋放羽毛蛋白的方法是加熱，但有些企業也通過細菌蛋白酶（Deivasigamani B.“Industrial Application of Keratinase and Soluble Proteins from Feather Keratins.” *Journal of Environmental Biology* 29,2008: 933）來分解羽毛或毛髮，這種方法比高溫加熱更溫和，能使必需的氨基酸、蛋氨酸、賴氨酸、精氨酸濃度更高（Gupta R and Ramnani P.“Microbial Keratinases and Their Prospective Applications:An Overview.” *Applied Microbiology and Biotechnology* 70,2006:21–33）。

18. 冀州華恒生物科技有限公司從人類毛髮裡提取出了高純度的半胱氨酸（AJ192 級），這種半胱氨酸用於出口和人類食品加工。

後記

1. Twain,Mark.“About Barbers” in *Sketches New and Old(Complete)*.Teddington,UK:The Echo Library,1875.

2.在寫作後記時，我和一些在現代毛髮生物與臨床醫藥領域內最著名的學者進行了交流，他們分別是：雷克斯・安德森教授（哈佛大學，二〇一三年十一月二十一日，電話聯繫）；鐘正明（南加州大學，二〇一三年十二月九日，電話聯繫）；喬治・柯薩萊利斯（賓夕法尼亞大學，二〇一三年十月三十日，個人訪談）；伊蓮・福克斯（洛克斐勒大學，二〇一三年十一月一日，個人訪談）、帕拉迪・馬諾莫尼（凱撒醫療集團，二〇一三年十月九日，電話聯繫）；拉爾夫・波斯（曼徹斯特大學，二〇一三年十月十日，電話聯繫）；維拉・普林斯（加利福尼亞大學，二〇一三年十一月二十一日，電話聯繫）；傑瑞・夏皮羅（哥倫比亞大學，二〇一三年十月八日，電話聯繫），戴斯蒙德・托賓（布拉德福德大學，二〇一三年十月六日，電話聯繫）；安妮卡・沃格特（查理特大學，二〇一三年十二月十三日，電話聯繫）；肯・沃辛尼克（博斯利醫療集團，二〇一三年九月二十七日，個人訪談）；查理斯・柯克派翠克先生（全國理髮師協會，二〇一三年九月二十五日，電話聯繫）；邁克・伊波利托（國家理髮師博物館，二〇一三年九月二十四日，電話聯繫）。書中的觀點都是我們資訊交流之後的結果，在此非常感謝他們能抽時間接受我的訪談並分享奇妙的想法。

3.引自對亞佛烈德・納特拉謝夫斯基（Alfred Natrasevschi）進行的電話採訪。

4.因為移植到頭頂圓禿處的毛囊認為自己仍然處於頭皮兩側，所以還是會繼續生長，但長出來的頭髮看起來仍舊是像頭皮兩側的頭髮。供體主導原則對所有移植的毛囊都適用，並且還會給外科醫生帶來很大困擾。當一位女士需要通過毛髮移植來掩蓋失去的眉毛時，外科醫生通常會考慮頭毛皮囊（這些毛囊有很長的生長期），而且也是唯一可用的毛囊。新移植的眉毛讓病人獲得了預期的外觀，但又迫使她必須經常修剪眉毛。

5. Orentreich N. “Autografts in Alopecias and Other Selected Dermatological Conditions.” *Annals of the New York Academy of Sciences* 83,1959:463–79.

6.引自二〇一三年九月二十七日在紐約對博斯利醫療集團的肯・沃辛尼克（Kenneth Washenik）博士的個人訪談。

7.引自全球毛髮修復協會二〇一五年的實驗統計結果，詳情可參考 www.ishrs.org。

8.引自二〇一三年十一月十四日對醫療修復機器人公司的卡納萊斯（Canales）的電話採訪。

9. Takashi K and Yamanaka S. “Induction of Pluripotent Stem Cells from Mouse Embryonic and Adult Fibroblast Cultures by Defined Factors.” *Cell* 126,2006:663–676.

10. He J,Lu H,et al. “Regeneration of Liver After Extreme Hepa tocyte Loss Occurs Mainly Via Biliary Transdifferentiation in Zebra Fish.” *Gastroenterology* 146,2013:789–800.

11. Inagawa K,Ieda M. “Direct Reprogramming of Mouse Fibroblasts into Cardiac Myocytes.” *Journal of Cardiovascular Translational Research* 6,2013:37–45.

12. Veldman MB,Zhao C,Gomez FA,et al. “Transdifferentiation of Fast Skeletal Muscle into Functional Endothelium In Vivo by Transcription Facto Etv2.” PLoS(Public Library of Science)*Biology* 11,2013:e1001590.

參考文獻

A

Agrawal P and Barat GK. "Utilization of Human Hair in Animal Feed." *Agricultural Wastes* 17,1986:53–58.

Ahmad W,Faiyaz ul Haque M,Brancolini V,Tsou HC,ul Haque S,Lam H,Aita VM,Owen J,deBlaquiere M,Frank J,Cserhalmi-Friedman PB,Leask A,McGrath JA,Peacocke M,Ahmad M,Ott J,Christiano AM. "Alopecia Universalis Associated with a Mutation in the Human Hairless Gene." *Science* 279,1998:720–724.

Albers KM and Davis BM. "The Skin as a Neurotropic Organ." *The Neuroscientist* 13,2007:371–382.

Alibardi L. "Perspectives on Hair Evolution Based on Some Comparative Studies on Vertebrate Cornification." *Journal of Experimental Zoology* 381B, 2012:325–343.

Amoh Y,Li L,Katsuoka K,and Hoffman RM. "Multipotent Hair Follicle Stem Cells Promote Repair of Spinal Cord Injury and Recovery of Walking Function." *Cell Cycle* 7,2008:1865–1869.

Auber L. "The Anatomy of the Follicles Producing Wool-Fibers,with Special Reference to Keratinization." *Transactions of the Royal Society* 62(Part 1),1950–1951:191–254.

B

Beaton AA and Mellor G. “Direction of Hair Whorl And Handedness.” *Laterality* 12,2007:295–301.

Beck M. “Medical Spas Get a Checkup.States Weigh Tighter Rules on Cosmetic-Procedure Centers After Patient Injuries.” *Wall Street Journal*,June 5,2013,A3.

Bell A.*Hair*.Newark,New Jersey:Paul Robson Galleries,Rutgers University Press,2013.

Bell AR,Brooks C,and Dryburgh PR.*The English Wool Market* 1230–1327.Cambridge:Cambridge University Press,2007.

Bell CJ. *Collector’s Encyclopedia of Hairwork Jewelry*.Paducah, KY: Collector Books,1998.

Benjamin J. *Starting to Collect Antique Jewellery*.Suffolk, England:Antique Collectors’Club,2003.

Bianco J,Cateforis D,Heartney E,Hockley A,and Kennedy B.*Wenda Gu at Dartmouth:The Art of Installation*. Hanover,NH:University Press of New England,2008.

Biddle-Perry G and Cheang,S,editors.*Hair:Styling,Culture and Fashion*.Oxford,England:Berg Publishers,2008.

Bilefsky D. “In Albanian Feuds,Isolation Engulfs Families.” *New York Times*, July 10,2008.

Binkley C. “Which Outfit Is Greenest?A New Rating Tool.” *Wall Street Journal*, July 12,2012.

Bloch RH.*A Needle in the Right Hand of God.The Norman Conquest of 1066 and the Making and Meaning of the Bayeux Tapestry*. New York:Random House,2006.

Botchkarev,VA. "Stress and the Hair Follicle:Exploring the Connections." *American Journal of Pathology* 162 2003:709–712.

Botham M and Sharrad L.*Manual of Wigmaking*.London: Heinemann,1964.

Bradford E.*English Victorian Jewelry*.Norwich,England:Spring Books,1959.

Broudy E.*The Book of Looms*.Hanover,NH:Brown University Press,1979.

Brown S,Dent A,Martens C,and McQuaid M. *Fashioning Felt*. New York:Smithsonian Institution,2009.

Brownell I,Guevara E,Bai CB,Loomis CA,and Joyner AL. "Nerve-Derived Sonic Hedgehog Defines a Niche for Hair Follicle Stem Cells Capable of Becoming Epidermal Stem Cells." *Cell Stem Cell* 8,2011:552–565.

Bryer R.*The History of Hair:Fashion and Fantasy Down the Ages*. London:Philip Wilson Publishers,2000.

Bunn S. *Nomadic Felts*. London:The British Museum Press,2010.

C

Campbell M.*Self-Instructor in the Art of Hair Work,Dressing Hair,Making Curls,Switches,Braids,and Hair Jewelry of Every Description*. New York:M.Campbell,1867.

Chapman DM. "The Anchoring Strengths of Various Chest Hair Root Types." *Clinical Experimental Dermatology* 17,1992:421–423.

Cheang S. “Roots:Hair and Race” in *Hair:Styling,Culture and Fashion*.Editors G.Biddle-Perry and S Cheang,. Oxford,MS:Berg Publications,2007.

Chen KG,Mallon BS,McKay RDG,and Robey PG. “Human Pluripotent Stem Cell Culture:Consideration for Maintenance,Expansion and Therapeutics.” *Cell Stem Cell* 14,2014:13–26.

Cherel Y,Kernaleguen L,Richard P,and Guinet G. “Whisker Isotopic Signature Depicts Migration Patterns and Multi-year Intraand Inter-individual Foraging Strategies in Fur Seals.” *Biology Letters* 5,2009:830–832.

Chernow R.*Titan:The Life of John D.Rockefeller, Sr*. New York:Random House,1998.

Churchill,JE.*The Complete Book of Tanning Skins and Furs*. Mechanicsburg,PA:Stackpole Books,1983.E-book.

Constantine M and Larsen JL.*Beyond Craft:The Art Fabric*. NewYork:Van Nostrand Reinhold Company,1972.

Cossins AR and Bowler K.*Temperature Biology of Animals*.London:Chapman and Hall,1987:Chapter 1.

Cremer L.*The Physics of the Violin*.Cambridge,MA:The MIT Press,1984:1–4.

Critchley M.*The Dyslexic Child*.London:Heinemann,1970:69.

D

Darwin,C.1845.*Voyage of the Beagle*.New York: Modern Library,2001.

Darwin,C.1871.*Descent of Man*.New York:Penguin Random House,2004.

D'Aulaire I and D'Aulaire EP. *Book of Greek Myths*.New York:Bantam Doubleday Dell,1962.

Daves J.*Medieval Sheep and the Wool Trade:Sheep,Wool and the Wool Trade in the Middle Ages*.Bristol:Stuart Press,2008.

Davies NB,Krebs JRE,and West SA.*An Introduction to Behavioral Ecology,Fourth Edition*.Hoboken,NJ:Wiley-Blackwell,2012.

Dawber R.*Diseases of the Scalp*.Third Edition.Oxford:Blackwell Science Publishers,1982.

Dean I and Siva-Jothy MT. "Human Fine Body Hair Enhances Ectoparasite Detection." *Biology Letters* 8,2012:358–361.

Deetz J.*In Small Things Forgotten*.New York:Doubleday,1996.

Dhouailly D. "A New Scenario for the Evolutionary Origin of Hair,Feather,and Avian Scales." *Journal of Anatomy* 214,2009:587–606.

Dikotter F. "Hairy Barbarians,Furry Primates and Wild Men:Medical Science and Cultural Representations of Hair in China" in *Hair:Its Power and Meaning in Asian Cultures*.Editors A Hiltebeitel and BD Miller.New York Press:Albany State University,1998.

Dolan EJ. *Fur,Fortune and Empire:The Epic History of the Fur Trade in America*.New York:W.W.Norton and Company,2010.

Domingo-Roura X,Marmi J,Ferrando A,et al. “Badger Hair in Shaving Brushes Comes from Protected Eurasian Badgers.” *Biological Conservation* 128,2006:425–430.

Donkin RA. “Cistercian Sheep-Farming and Wool Sales in the Thirteenth Century.” *Agricultural History Review* 6,1958:2–8.

Dutton D.*The Art Instinct.Beauty,Pleasure and Human Evolution*. New York:Bloomsbury Press,2009.

E

Eccles WJ.*The Canadian Frontier 1534–1760*.Albuquerque・NM:University of New Mexico Press,1983.

Eckhart L,Valle LD,Jaeger K,et al. “Identification of Reptilian Genes Encoding Hair Keratin-Like Proteins Suggests a New Scenario for the Evolutionary Origin of Hair.” *Proceedings of the National Academy of Sciences* 105,2008:18419–18423.

Elias H and Bortner S. “On the Phylogeny of Hair.” *American Museum Novitates* 1820,1957:1–15.

F

Feughelman M and Willis BK. “Mechanical Extension of Human Hair and the Movement of the Cuticle.” *Journal of Cosmetic Science* 52,2001:185–193.

Fischer DH.*Champlain's Dream*.New York:Simon&Schuster,2008.

Fletcher AJ.*Ancient Egyptian Hair*.Manchester:University of Manchester Press,1995.

Francis K and Morantz T.*Partners in Furs:A History of the Fur Trade in Eastern James Bay 1600–1870*.Montreal:McGill-Queen's University Press,1983.

Fraser RDB and MacRae TP. "Molecular Structure and Mechanical Properties of Keratins" in *The Mechanical Properties of Biological Materials*.Editors JF Vincent and JD Currey.Cambridge:Cambridge University Press,1980:211–246.

Frazer JG.*The Golden Bough:A Study in Magic and Religion*.New York:Macmillan,1952.

Frosch D. "A Lonely and Bleak Existence in the West,Tending the Flock." *New York Times*, February 22,2009.

G

Galbraith K. "Back in Style:The Fur Trade." *New York Times* - December 24,2006.

Garza LA,Yang CC,Zhao T,Blatt HB,et al. "Bald Scalp in Men with Androgenetic Alopecia Retains Hair Follicle Stem Cells but Lacks CD200-Rich and CD34-Positive Hair Follicle Progenitor Cells." *Journal of Clinical Investigation* 121,2011:613–622.

Garza LA,Liu Y,Yang Z,Alagesan B,et al. "Prostaglandin D2 Inhibits Hair Growth and Is Elevated in Bald Scalp of Men with Androgenetic Alopecia." *Science Translational Medicine* 4,2012:126–134.

Gilchrist J.*The Church and Economic Activity in the Middle Ages*. London:St.Martin's Press,1969.

Gill FB.*Ornithology,Second Edition*.New York:W.H.Freeman and Company,1995.

Gilmeister H.*Tennis:A Cultural History*.London:Leicester University Press,1997.

Gjecov S.*The Code of LekeDukagjini(The Kanun)*.New York ·· Gjonkelaj Publishing Company,1989.

Gordon B.*Feltmaking*.New York:Watson-Guptill Publications · 1980.

Gurdon JB and Bourillot P-Y. "Morphogen Gradient Interpretation." *Nature* 413,2001:797–803.

H

Hanson T. *Feathers:The Evolution of a Natural Miracle*. New York:Basic Books,2011.

Hardy MH. "The Secret Life of the Hair Follicle." *Trends in Genetics* 8,1992:55–61.

Harran S and Harran J. "Hair Jewelry." *Antique Week*, December 1997.

Harris B. "The Mechanical Behavior of Composite Materials" in *The Mechanical Properties of Biological Materials*.Editors JF Vincent and JD Currey.Cambridge:Cambridge University Press,1980:37–74.

Hausman LA. "A Comparative Racial Study of the Structural Elements of Human Head-Hair." *American Naturalist* 59,1925:529–538.

Haywood J.*Historical Atlas of the Vikings*. London:Penguin Books,1995.

Hearle JWS. "A Critical Review of the Structural Mechanics of Wool and Hair Fibres." *International Journal of Biological Macromolecules* 27,2000:123–138.

Heidenreich DE and Ray AJ.*The Early Fur Trades:A Study in Cultural Interaction*.Toronto:McClelland and Stewart,1976.

Henderson FV.*How to Make a Violin Bow*.Seattle:Murray Publishing Company,1977.

Higuchi R,von Beroldingen CH,Sensabaugh GF,and Erhlich HA. "DNA Typing from Single Hairs." *Nature* 332,1988:543–546.

Hiltebeitel A and Miller BD,editors.*Hair:Its Power and Meaning in Asian Cultures*. Albany:State University of New York Press,1998.

I

International Society of Hair Restoration Surgeons(ISHRS)2013. *International Society of Hair Restoration Surgery:2013 Practice Census Results*.www.ishrs.org.

International Wool Textile Organization.http://www.iwto.org/wool/history-of-wool.

Ito M,Yang Z,Andl T,Cui C,et al. "Wnt-Dependent De Novo HaiFollicle Regeneration in Adult Mouse Skin after Wounding." *Nature* 447,2007:316–320.

J

Jablonski NG.*Skin:A Natural History*.Berkeley:University ofCalifornia Press,2006.

Jablonski NG. "The Naked Truth:Why Humans Have No Fur." *Scientific American* 302,2010:42–49.

Jenkins JG,editor.*The Textile Industry in Great Britain*. London:Routledge&Kegan Paul Publishers,1972.

Jessen KR,Mirsky R,and Arthur-Farraj P. "The Role of Cell Plasticity in Tissue Repair:Adaptive Cellular Reprogramming." *Developmental Cell* 34,2015:613-620.

Jolly PH.*Hair:Untangling a Social History*.East Long Meadow · MA:The John Ce Otto Printing Company,2004.

Jordan M. "Hair Matters in South Central Africa" in *Hair in African Art and Culture*.Editors R Sieber and F Herreman. Munich:Prestel Verlag,2000:135.

K

Kalabokes VD. "Alopecia Areata:Support Groups and Meetings—How Can It Help Your Patient?" *Dermatologic Therapy* 24,2011:302–304.

Kamberov YG,Wang S,Tan J,et al. "Modeling Recent Human Evolution in Mice by Expression of a Selected EDAR Variant." *Cell* 152,2013:691–702.

Kazantseva A,Goltsov A,Zinchenko R,et al. "Human Hair Growth Deficiency Is Linked to a Genetic Defect in the Phospholipase Gene LIPH." *Science* 314,2006:982–985.

Khumalo NP,Dawber RPR,and Ferguson DJP. "Apparent Fragility of African Hair Is Unrelated to the Cystine-Rich Protein Distribution:A Cytochemical Electron Microscope Study." *Experimental Dermatology* 14,2005:311–314.

Kingdon J,Agwanda B,Kinnaird M,O'Brien T,et al. "A Poisonous Surprise Under the Coat of the African Crested Rat." *Proceedings of the Royal Society* B 279,2012:675–680.

Kittler R,Kayser M,and Stoneking M. "Molecular Evolution of Pediculus Humanus and the Origin of Clothing." *Current Biology* 13,2003:1414–1417.

Kramer AE and Revkin AC. "Arctic Shortcut · Long a Dream · Beckons Shippers as Ice Thaws." *New York Times*,September 11,2009.

Kübler-Ross E and Kessler D.*On Grief and Grieving:Finding the Meaning of Grief Through the Five Stages of Loss*.New York:Scribner,2005.

L

Langbein L and Schweizer J. “Keratins of the Human Hair Follicle.” *International Review of Cytology* 243,2005:1–78.

Laut AC.*The Fur Trade of America*.New York:Macmillan,1921. Leavitt D.*The Man Who Knew Too Much:Alan Turing and the Invention of the Computer*.New York:W.W.Norton&Company,2006.

Lee YR,Lee SJ,Kim JC,and Ogawa H. “Hair Restoration Surgery in Patients with Pubic Atrichosis or Hypotrichosis:Review of Technique and Clinical Consideration of 507 Cases.” *Dermatologic Surgery*

32,2006:1327–1335.

Le Fur Y.*Cheveuxcheris.Frivolites et trophees*.Paris:Musee du QuaiBranly,2013.

Leggett WF.*The Story of Wool*.Brooklyn:Chemical Publishing Company,1947.

Lennon C. “Preshampoo Is Not a Sham.” *Wall Street Journal* • February 6,2013.

Li L,Rutlin M,Abraira VE,Cassidy C,et al. “The Functional Organization of Cutaneous Low-Threshold Mechanosensory Neurons.” *Cell* 247,2011:1615–1627.

Li L and Clevers H. “Coexistence of Quiescent and Active Adult Stem Cells in Mammals.” *Science* 327,2010:542–545.

Li W,Li K,Wei W,and Ding S. “Chemical Approaches to Stem Cell Biology and Therapeutics.” *Cell Stem Cell* 13,2013:270–283.

Lipson E. *A Short History of Wool and Its Manufacture*. Cambridge,MA:Harvard University Press,1953.

Livesey R and AG Smith.*The Fur Traders*.Markham:Fitzhenry&W hiteside,1989:77.

Lloyd TH.*The English Wool Trade in the Middle Ages*.Cambridge・MA:Harvard University Press,1977.

Loussouarn G. "African Hair Growth Parameters." *British Journal of Dermatology* 145,2001:294–297.

Loussouarn G,Garcel A-L,Lozano I,Collaudin C,et al. "Worldwide Diversity of Hair Curliness:A New Method of Assessment." *International Journal of Dermatology* 46,2007:Suppl 1:2–6.

M

Maderson PFA. "When?Why?And How?Some Speculations on the Evolution of the Vertebrate Integument." *American Zoologist* 12,1972:159–171.

Mann GB,Fowler KJ,Gabriel A,et al. "Mice with a Null Mutation of the TGF-Alpha Gene Have Abnormal Skin Architecture,Wavy Hair and Curly Whiskers and Often Develop Corneal Inflammation." *Cell* 73,1993:249–261.

Maurer M,Peters EMJ,Botchkarev VA,and Paus R. "Intact Hair Follicle Innervation Is Not Essential for Anagen Induction and Development." *Archives of Dermatological Research* 290,1998:574–578.

Menkart J,Wolfram LJ,and Mao I. "Caucasian Hair,Negro Hair and Wool:Similarities and Differences." *Journal of the So-*

ciety of Cosmetic Chemists 17,1966:769–787.

Miller J. "Hair Without a Head:Disembodiment and the Uncanny" in *Hair Styling,Culture and Fashion*.Editors G Biddle-Perry and S Cheang. Oxford:Berg Publications,2008.

Mollett AL.*York's Golden Fleece:History of Wool Trade*. Whitby:Horne and Son,1962.

Montagna W,Prota G,and Kenney JA Jr.*Black Skin:Structure and Function*.San Diego:Academic Press,1993.

Morison,SE.*The European Discovery of America:The Northern Voyages*.New York:Oxford University Press,1971.

Morris D.*Naked Ape:A Zoologist's Study of the Human Animal*. New York:Random House,1967.

Morse EW.*Fur Trade Canoe Routes of Canada:Then and Now*. Toronto:University of Toronto Press,1971.

Mou C,Jackson B,Schneider P,Overbeek PA,and Headon DJ. "Generation of the Primary Hair Follicle Pattern." *Proceedings of the National Academy of Sciences* 103,2006:9075–9080.

Munro JH. *Textiles,Towns and Trade:Essays in the Economic History of Late-Medieval England and the Low Countries*. Ashgate ‥ Variorum Publishing Ltd.,1994.

Murray EA.*Trails of Evidence:How Forensic Science Works*. Chantilly:The Teaching Company,2012.

N

Nagorcka BN and Mooney JR. "The Role of a Reaction-Diffusion System in the Formation of Hair Fibres." *Journal of*

Theoretical Biology 98,1982:575–607.

Nagorcka BN and Mooney JR. "The Role of a Reaction-Diffusion System in the Initiation of Primary Hair Follicles." - *Journal of Theoretical Biology* 114,1985:243–272.

Nagorcka BN and Mooney JR. "Spatial Patterns Produced by a Reaction-Diffusion System in Primary Hair Follicles." - *Journal of Theoretical Biology* 115,1985:299–317.

Nakamura M,Schneider MR,Schmidt-Ullrich R,Paus,R. "Mutant Laboratory Mice with Abnormalities in Hair Follicle Morphogenesis・Cycling,and/or Structure:An Update." *Journal of Dermatologic Science* 69,2012:6–29.

Nishimura EK,Granter SR,and Fisher DE. "Mechanisms of Hair Graying:Incomplete Melanocyte Stem Cell Maintenance in the Niche." *Science* 307,2005:720–724.

O

O'Callaghan JF. *A History of Medieval Spain*.Cornell:Cornell University Press,1976.

Ockenga S.*On Women and Friendship:A Collection of Victorian Keepsakes and Traditions*. New York:Stuart,Tabori&Chang Publishing, 1993.

Oliver RF. "Whisker Growth After Removal of the Dermal Papilla and Lengths of Follicle in the Hooded Rat." *Journal of*

Embryology and Experimental Morphology 15,1966:331–347.

Orientreich N. “Autografts in Alopecias and Other Selected Dermatological Conditions.” *Annals of the New York Academy of Sciences* 83,1959:463.

Oshima H,Rochat A,Kedzia C,Kobayashi K,and Barrandon Y. “Morphogenesis and Renewal of Hair Follicles from Adult Multipotent Stem Cells.” *Cell* 104,2001:233–245.

P

Pannekoek F.*The Fur Trade and Western Canadian Society・1670–1870*.Ottawa:Canadian Historical Association,1987.

Papakostas D,Rancan F,Sterry W.et al. “Nanoparticles in Dermatology.” *Archives of Dermatologic Research* 303,2013:533–550.

Parliament UK. “Woolsack.” http://www.parliament.uk/siteinformation/glossary/woolsack.

Peters EMJ,Arck PC,and Paus R. “Hair Growth Inhibition by Psychoemotional Stress:A Mouse Model for Neural Mechanisms in Hair Growth Control.” *Experimental Dermatology* 15,2006:1–13.

Petukova L,Duvic M,Hordinsky M,Norris D,Price V・et al. “Genome-Wide Association Study in Alopecia Areata Implicates BothInnate and Adaptive Immunity.” *Nature* 466,2010:113–117.

Phillips CR and Phillips WD Jr.*Spain's Golden Fleece:Wool Production and the Wool Trade from the Middle Ages to the Nineteenth Century*.Baltimore:The Johns Hopkins University Press,1997.

Phillips PC.*The Fur Trade:Volume 1*.Norman:University of Oklahoma Press,1961.

Pleij H.*Colors Demonic and Divine:Shade of Meaning in the Middle Ages and After*.New York:Columbia University Press,2004.

Plikus M,Mayer JA,de la Cruz D,Baker RE,et al. "Cyclic Dermal BMP Signaling Regulates Stem Cell Activation During Hair Regeneration." *Nature* 451,2008:340–344.

Plikus MV,Gay DL,Treffeisen E,Wang A,et al. "Epithelial Stem Cells and Implications for Wound Repair." *Seminars in Cell Developmental Biology* 23,2012:946–953.

Plummer W. "Her Kind of Beauty." *People*,August 11,1997.

Popescu C and Hocker H. "Hair—The Most Sophisticated Biological Composite Material." *Chemical Society Reviews* 36・2007:1282–1291.

Porter C,Diridollou S,and Barbosa VH. "The Influence of African-American Hair's Curl Pattern on Its Mechanical Properties." *International Journal of Dermatology* 44,2005:Suppl 1:4–5.

Power E.*The Wool Trade in English Medieval History*.Oxford ·· Oxford University Press,1941.

R

Rauser A. “Hair,Authenticity,and the Self-Made Macaroni.” *Eighteenth Century Studies* 38,2004:101–117.

Reddy K and Lowenstein EJ. “Forensics in Dermatology:Part II.” *Journal of the American Academy of Dermatology* 64,2011:811–824.

Redgrove HS.*Hair-Dyes and Hair-Dyeing Chemistry and Technique*.London:William Heinemann,1939.

Rieu EV,translator.*Homer:The Odyssey*.New York:Penguin Books,1948.

Rinn JL,Bondre C,Gladstone HB,Brown PO,and Chang H. “Anatomic Demarcation by Positional Variation in Fibroblast Gene Expression Programs.” *PLoS(Public Library of Science)Genetics* 2,2006:1084–1096.

Robbins,CR.*Chemical and Physical Behavior of Human Hair,Fourth Edition*.New York:Springer-Verlag,2002.

Robertson JR. *Forensic Examination of Hair*.BocaRaton,FL:CRC Publishing,1999.

Rocaboy F. “The Structure of Bow-Hair Fibers.” *Catgut Acoustic Society Journal 1*,1990:34–36.

Roersma ME,Douven LFA,Lefki K,and Oomens CWJ. “The Failure Behavior of the Anchorage of Hairs During Slow Extraction.” *Journal of Biomechanics* 34,2001:319–325.

Roesdahl E.*The Vikings*.London:The Penguin Press,1987.

Rogers AR,Iltis D,and Wooding S. “Genetic Variation at the MC1R Locus and the Time Since Loss of Human Body

Hair." *Current Anthropology* 45,2004:105–108.

Rogers GE. "Biology of the Wool Follicle:An Excursion into a Unique Tissue Interaction System Waiting to be Rediscovered." *Experimental Dermatology* 15,2006:931–949.

Rogers MA,Langbein L,Praetzel-Wunder S,Winter H,and Schweizer J. "Human Hair Keratin-Associated Proteins (KAPS)." *International Review of Cytology* 251,2006:209–263.

Rompolas P,Deschene ER,Zito G,Gonzalez DG,et al. "Live Imaging of Stem Cells and Progeny Behaviour in Physiological Hair-Follicle Regeneration." *Nature* 487,2012:496–499.

Rosenbaum M and Leibel RL. "Adaptive Thermogenesis in Humans." *International Journal of Obesity* 34,2010:547–555.

Ross CD.*The Influence of the West Country Wool Trade on the Social and Economic History of England*.London:Department of Education of the International Wool Secretariat,1955.

Rossin L.Linda Rossin Studios,Oak Ridge,NJ.Personal interview.July 29,2013.

Rousseau I. "Who,Or What,Killed Napoleon?" http://www.cbsnews.com/stories/2002/10/30/tech/main527531.shtml.

Ruskai M and Lowery A.*Wig Making and Styling*. Amsterdam ∶ Elsevier Publishing,2010.

Ryder ML. "Medieval Sheep and Wool Types." *Agricultural History Review* 32,1984:14–28.

S

Sandoz M.*The Beaver Men:Spearheads of Empire*.New York ‥ Hastings House Publishing,1964.

Sato I,Nakaki S,Murata K,Takeshita H,and Mukai T. "Forensic Hair Analysis to Identify Animal Species in a Case of Pet Animal Abuse." *International Journal of Legal Medicine* 124,2010:249–256.

Scali-Sheahan M,editor. *Milady's STANDARD Professional Barbering*.Fifth Edition.Clifton Park,NY:Cengage Learning Publishing, 2011.

Schoeser M.*World Textiles:A Concise History*.London: Thames&Hudson Ltd,2003.

Schwalm M.Barber Styling Institute,Camp Hill,Pennsylvania. Personal interview.June 6,2013.

Schweizer J,Langbein L,Rogers MA,and Winter H. "Hair Follicle Specific Keratins and Their Diseases." *Experimental Cell Research* 313,2007:2010–2020.

Sennett R and Rendl M. "Mesenchymal-Epithelial Interactions During Hair Follicle Morphogenesis and Cycling." *Seminars in Cell and Developmental Biology* 23,2012:917–927.

Severn B.*The Long and Short of It:Five Thousand Years of Fun and Fury over Hair*.New York:David McKay Company,1971.

Shaak E.Mount Airy Violins and Bows.Philadelphia.Personal interview.June 12,2013.

Shakespeare W. "That time of year thou mayst in me beheld," Sonnet 73 in *The Art of Shakespeare's Sonnets*. Cambridge,MA:Harvard University Press,1997.

Sharpe PT. "Fish Scale Development:Hair Today,Teeth and Scales Yesterday?" *Current Biology* 11,2001:R751–R752.

Sherrow V. *Encyclopedia of Hair:A Cultural History*.Westport: Greenwood Press,2006.

Sheumaker H. *Love Entwined:The Curious History of Hair Work in America*.Philadelphia:University of Pennsylvania Press,2007.

Sholley M and Cotran R. "Endothelial DNA Synthesis in the Microvasculature of Rat Skin During the Hair Growth Cycle." *American Journal of Anatomy* 147,1976:243–254.

Sick S,Reinker S,Timmer J,and Schlake T. "WNT and DKK Determine Hair Follicle Spacing Through a Reaction Diffusion Mechanism." *Science* 314,2006:1447–1450.

Sieber R and Herreman F. *Hair in African Art and Culture*.New York:Museum for African Art,2000.

Silva JE. "Physiological Importance and Control of Non-Shivering Facultative Thermogenesis." *Frontiers in Bioscience* 3,2011:352–371.

Spufford P.*Power and Profit:The Merchant in Medieval Europe*. London:Thames and Hudson Inc.,2002.

Stellar R. *Fur Farming Industry and Trade Summary*.1998–2002.http://www.usitc.gov/publications/332/pub3666.pdf.

Stenn KS&Paus R. "Controls of Hair Follicle Cycling." *Physiological Reviews* 81,2001:449–494.

Stenn KS,Zheng Y,Parimoo S. "Phylogeny of the Hair Follicle:The Sebogenic Hypothesis." *Journal of Investigative Dermatology* 138,2008:1576–1578.

Stoddard DM.*The Scented Ape:The Biology and Culture of Human Odour*.Cambridge:Cambridge University Press,1990.

Sundberg,JP. *Handbook of Mouse Mutations with Skin and Hair Abnormalities:Abnormal Models and Biomedical Tools*. BocaRaton,FL:CRC Press,1994.

Sutou S. "Hairless Mutation:A Driving Force of Humanization from a Human-Ape Common Ancestor Enforcing Upright Walking While Holding a Baby with Both Hands." *Genes Cells* 17,2012:263–272.

T

Terrien J,Perret M,and Aujard F. "Behavioral Thermoregulation in Mammals:A Review." *Frontiers in Bioscience* 16,2001:1428–1444.

Thibaut S,Barbarat P,Leroy F,and Bernard BA. "Human Hair Keratin Network and Curvature." *International Journal of Dermatology* 46,2007:Suppl 1:7–10.

Thibaut S,De Becker E,Caisey L.Baras D,et al. "Human Eyelash Characterization." *British Journal of Dermatology*

162,2009:304–310.

Tobin DJ. "Human Hair Pigmentation—Biological Aspects." *International Journal of Cosmetic Science* 30,2008:233–257.

Tobin DJ. "The Cell Biology of Human Hair Follicle Pigmentation." *Pigment Cell Melanoma Research* 24,2010:75–88.

Trinidad,A. "Wool and Keratin Research at the Eastern Regional Research Center." *Sheep Industry News* 16,2012:10–12.

Tucker P. "Bald Is Beautiful?: The Psychosocial Impact of Alopecia Areata." *Journal of Health Psychology* 14, 2009: 142–151.

Turing AM. "The Chemical Basis of Morphogenesis." *Philosophical Transactions ofthe Royal Society*, London B 237, 1952: 37–72.

V

Van Beek N, Bodo E, Kromminga A, Gaspar E, et al. "Thyroid HormonesDirectly Alter Human Hair Follicle Functions: Anagen Prolongation andStimulation of Both Hair Matrix Keratinocyte Prol i ferat ion and Hai rPigmentat ion " *Journal of Cl inical Endocrinology and Metabolism* 93, 2009:4381–4388.

Van Clay M. "From Horse to Bow." *String Magazine*, January/February 1995.Veldman MB, Zhao C, Gomez FA, et al. "Transdifferentiation of Fast SkeletalMuscle into Functional Endothelium In Vivo by Transcription Factor Etv2." *PLoS (Public*

Library of Science) Biol 11, 2013: e1001590.

Vullo R, Girard V, Azar D, and Neraudeau D. "Mammalian Hairs in Early CretaceousAmber." *Naturwissenschaften* 97, 2010: 683–687.

W

Wade N. *Before the Dawn: Recovering the Lost History of Our Ancestors*. New York:The Penguin Press, 2006.

Waites B. "Monasteries and the Wool Trade in North and East Yorkshire Duringthe Thirteenth and Fourteenth Centuries." *Yorkshire Archeological Journal* 52,1980:111–121.

Wang Y, Badea T, and Nathans J. "Order from Disorder: Self Organization inMammalian Hair Patterning." *Proceedings of the National Academy of Sciences*103, 2006: 19800–19805.

Weatherford, J. *Genghis Khan and the Making of the Modern World*. New York:Three Rivers Press, 2004.

Whitthoft J. "Archeology As a Key to the Colonial Fur Trade" in DL Morgan, etal. *Aspects of the Fur Trade: Selected Papers to the 1965 North American Fur Trade Conference*.St. Paul: Minnesota Historical Society, 1967: 55–61.

Z

Zhang M, Brancaccio A, Weiner L, Missero C, and Brissette JL. "EctodysplasinRegulates Pattern Formation in the Mammalian Hair Coat." *Genesis* 37, 2003:30–37.

Zhang Y, Andl T, Yang SH, et al. "Activation of Beta-Catenin Signaling ProgramsEmbryonic Epidermis to Hair Follicle Fate." *Development* 135, 2008:2161–2175.

Zipes J. *The Complete Fairy Tales of the Brothers Grimm*. New York: Bantam Books,1987.

人
文。
022

頭髮：一部趣味人類史
Hair : A Human History

國家圖書館出版品預行編目 (CIP) 資料

頭髮：一部趣味人類史 / 寇特.史坦恩 (Kurt Stenn) 著 ; 劉新譯. -- 初版. -- 臺北市 : 聯合文學, 2019.09
280 面 ;14.8X21 公分. -- (人文 ; 22)
譯自 : Hair : a human history
ISBN 978-986-323-316-9(平裝)

1. 毛髮 2. 人類生態學 3. 歷史

391.34　　108013825

出版日期／2019 年 9 月　初版
定　　價／360 元

ISBN 978-986-323-316-9　(平裝)
本書如有缺頁、破損、裝幀錯誤，請寄回調換

作　　者／寇特・史坦恩（Kurt Stenn）
譯　　者／劉 新
發 行 人／張寶琴

總 編 輯／周昭翡
主　　編／蕭仁豪
資深美編／戴榮芝
實習編輯／曾逸昀
業務部總經理／李文吉
行銷企劃／邱懷慧
發行專員／簡聖峰
財 務 部／趙玉瑩　韋秀英
人事行政組／李懷瑩
版權管理／蕭仁豪

法律顧問／理律法律事務所 陳長文律師、蔣大中律師
出 版 者／聯合文學出版社股份有限公司
地　　址／110 臺北市基隆路一段 178 號 10 樓
電　　話／(02) 2766-6759 轉 5107
傳　　真／(02) 2756-7914
郵撥帳號／17623526 聯合文學出版社股份有限公司
登 記 證／行政院新聞局局版臺業字第 6109 號
網　　址／http://unitas.udngroup.com.tw
E—mail：unitas@udngroup.com.tw
印 刷 廠／沐春行銷創意有限公司
總 經 銷／聯合發行股份有限公司
地　　址／234 新北市新店區寶橋路 235 巷 6 弄 6 號 2 樓
電　　話／(02) 29178022